建设工程预算员速查速算便携手册丛书

安装工程预算员
速查速算便携手册
（第二版）

祝连波　主编

U0248977

中国建筑工业出版社

图书在版编目（CIP）数据

安装工程预算员速查速算便携手册/祝连波主编.
2版. —北京：中国建筑工业出版社，2013.10
（建设工程预算员速查速算便携手册丛书）
ISBN 978-7-112-15861-4

Ⅰ.①安… Ⅱ.①祝… Ⅲ.①建筑安装工程-建筑预算定额-手册 Ⅳ.①TU723.3-62

中国版本图书馆CIP数据核字（2013）第219442号

建设工程预算员速查速算便携手册丛书
安装工程预算员速查速算便携手册
（第二版）
祝连波 主编
*
中国建筑工业出版社出版、发行（北京西郊百万庄）
各地新华书店、建筑书店经销
北京红光制版公司制版
北京富生印刷厂印刷
*
开本：850×1168毫米 1/64 印张：8⅜ 字数：223千字
2013年11月第二版 2018年4月第五次印刷
定价：**20.00**元
ISBN 978-7-112-15861-4
（24602）

本书根据《建筑给水排水制图标准》GB/T 50106—2010、《暖通空调制图标准》GB/T 50114—2010、《通用安装工程工程量计算规范》GB 50856—2013、《建设工程工程量清单计价规范》GB 50500—2013、最新建筑电气工程制图标准及其他最新资料编制。主要内容包括：建筑安装工程常用材料；建筑给水排水工程预算常用资料；建筑消防工程预算常用数据；建筑通风空调工程预算常用数据；建筑采暖工程预算常用资料；建筑电气工程预算常用资料。

本书可供工程预算人员、工程审计人员、工程概算编制和审计人员阅读，是从事建筑安装工程预算必不可少的工具书，也可为大中专院校有关专业师生学习预算提供参考。

* * *

责任编辑：郭　栋　岳建光　张　磊
责任校对：陈晶晶　赵　颖

第二版前言

《安装工程预算员速查速算便携手册》自2011年问世以来，深受广大工程预算人员的喜爱，全体参编人员倍感欣慰。2013年7月1日起，我国工程建设领域将执行《建设工程工程量清单计价规范》GB 50500—2013及《通用安装工程工程量计算规范》GB 50856—2013，为此，本书及时修订、更新了第一版中的这些内容，以便于广大工程预算人员查阅使用。

第二版修订由祝连波组织完成，具体分工如下：祝连波完成第1、2、5、6章的更新，温海燕完成第3、4章的更新，硕士生白玲、田云峰、高懿琼、路景艳协助完成部分内容，在此表示感谢！中国建筑工业出版社为第二版的顺利出版做了大量的组织协调工作，在此一并表示感谢！

第一版前言

近几年，随着国家基础建设投资逐年增加，工程预算员的工作负荷也随之加重，为了提高预算员的工作效率、缩短他们查找通用和专用数据资料的时间，安装工程预算员速查速算口袋书应运而生。本工具书根据《建筑给水排水制图标准》GB/T 50106—2010、《暖通空调制图标准》GB/T 50114—2010、《建设工程工程量清单计价规范》GB 50500—2008、最新建筑电气工程制图标准及其他最新资料编制，浅显易懂，具有时代性、科学性、经济性和便携性，将为提高预算员编制预算速度及编制预算的能力提供坚实的基础。

本书可供工程预算人员、工程审计人员、工程概算编制和审计人员阅读，是从事建筑安装工程预算必不可少的工具书，也可为大中专院校有关专业师生学习预算提供参考。

本书由兰州交通大学祝连波主编完成第6章，兰州交通大学崔猛完成第1章、第2章和第5章，兰州交通大学温海燕完成第3章和第4章，学生付江涛、靳彦金、卢元亮协助完成部分绘图工作，在此表示感谢。此外，在本书的编写过程中参考了国内许多学者同仁的著作和国家新规范，在此对所有参考文献的作者表示衷心的感谢！

由于作者水平有限，本书不当之处在所难免，恳请广大读者批评指正，以期本书为提高我国建筑安装工程预算编制水平贡献绵薄之力。

目　　录

第 1 章　建筑安装工程常用材料

1.1　常用材料质量

1.1.1　焊接钢管质量

焊接钢管质量　　表 1-1

公称直径		壁厚	质量（kg）								
			长度基数（m）								
(mm)	(in)	(mm)	1	2	3	4	5	6	7	8	9
6	$\frac{1}{8}$	2	0.39	0.78	1.17	1.56	1.95	2.34	2.73	3.12	3.51
		2.5	0.46	0.92	1.38	1.84	2.30	2.76	3.22	3.68	4.14
8	$\frac{1}{4}$	2.25	0.62	1.24	1.86	2.48	3.10	3.72	4.34	4.96	5.58
		2.75	0.73	1.46	2.19	2.92	3.65	4.38	5.11	5.84	6.57

续表

公称直径		壁厚	质量（kg）								
			长度基数（m）								
(mm)	(in)	(mm)	1	2	3	4	5	6	7	8	9
10	$\frac{3}{8}$	2.25	0.82	1.64	2.46	3.28	4.10	4.92	5.74	6.56	7.38
		2.75	0.97	1.94	2.91	3.88	4.85	5.82	6.79	7.76	8.73
15	$\frac{1}{2}$	2.75	1.25	2.5	3.75	5.00	6.25	7.50	8.75	10.00	11.25
		3.25	1.44	2.88	4.32	5.76	7.20	8.64	10.08	11.52	12.96
20	$\frac{3}{4}$	2.75	1.63	3.26	4.89	6.52	8.15	9.78	11.41	13.04	14.67
		3.5	2.01	4.02	6.03	8.04	10.05	12.06	14.07	16.08	18.09
25	1	3.25	2.42	4.84	7.26	9.68	12.10	14.52	16.94	19.36	21.78
		4.00	2.91	5.82	8.73	11.64	14.55	17.46	20.37	23.28	26.19
32	$1\frac{1}{4}$	3.25	3.13	6.26	9.39	12.52	15.65	18.78	21.91	25.04	28.17
		4.00	3.77	7.54	11.31	15.08	18.85	22.62	26.39	30.16	33.93
40	$1\frac{1}{2}$	3.5	3.84	7.68	11.52	15.36	19.20	23.04	26.88	30.752	34.56
		4.25	4.58	9.16	13.74	18.32	22.90	27.48	32.06	36.64	41.22

续表

公称直径 (mm)	公称直径 (in)	壁厚 (mm)	质量（kg） 长度基数（m） 1	2	3	4	5	6	7	8	9
50	2	3.50	4.88	9.76	14.64	19.52	24.4	29.28	34.16	39.04	43.92
		4.50	6.16	12.32	18.48	24.64	30.80	36.96	43.12	49.28	55.44
70	$2\frac{1}{2}$	3.75	6.64	13.28	19.92	26.56	33.20	39.84	46.48	53.12	59.76
		4.50	7.88	15.76	23.64	31.52	39.40	47.285	55.16	63.04	70.92
80	3	4.00	8.34	16.68	25.02	33.36	41.70	50.04	58.38	66.72	75.06
		4.75	9.81	19.62	29.43	39.24	49.05	58.86	68.67	78.48	88.29
100	4	4.00	10.85	21.70	32.55	43.40	54.25	65.10	75.95	86.80	97.65
		5.00	13.44	26.88	40.32	53.76	67.20	80.64	94.08	107.52	120.96
125	5	4.50	15.04	30.08	45.12	60.16	75.20	90.24	105.28	120.32	135.36
		5.50	18.24	36.48	54.72	72.96	91.20	109.44	127.68	145.92	164.16
150	6	4.50	17.81	35.62	53.43	71.24	89.05	106.86	124.67	142.48	160.29
		5.50	21.63	43.26	64.89	86.52	108.15	129.78	151.41	173.04	194.67

1.1.2 镀锌钢管质量

镀锌钢管质量 **表 1-2**

公称直径		壁厚	质量（kg）								
			长度基数（m）								
(mm)	(in)	(mm)	1	2	3	4	5	6	7	8	9
10	$\frac{3}{8}$	2.25	0.85	1.70	2.25	3.40	4.25	5.10	5.95	6.80	7.65
15	$\frac{1}{2}$	2.75	1.31	2.62	3.93	5.24	6.55	7.86	9.17	10.48	11.79
20	$\frac{3}{4}$	2.75	1.72	3.44	5.16	6.88	8.60	10.32	12.04	13.76	15.48
25	1	3.25	2.55	5.10	7.65	10.20	12.75	15.30	17.85	20.40	22.95
32	$1\frac{1}{4}$	3.25	3.30	6.60	9.90	13.20	16.50	19.80	23.10	16.40	29.70
40	$1\frac{1}{2}$	3.50	4.06	8.12	12.18	16.24	20.30	24.36	28.42	32.48	36.54

续表

公称直径		壁厚	质量（kg）								
			长度基数（m）								
(mm)	(in)	(mm)	1	2	3	4	5	6	7	8	9
50	2	3.50	5.17	10.34	15.51	20.68	25.85	31.02	36.19	41.36	46.53
70	$2\frac{1}{2}$	3.75	7.04	14.08	21.12	28.16	35.20	42.24	49.28	56.32	63.36
80	3	4.00	8.88	17.76	26.64	35.52	41.40	53.28	62.16	71.04	79.92
100	4	4.00	11.70	23.40	35.10	46.80	58.50	70.20	81.90	93.60	105.30
125	5	4.50	15.64	31.28	46.92	62.56	78.20	93.84	109.48	125.12	140.76
150	6	4.50	18.52	37.04	55.56	74.08	92.60	111.12	129.64	148.16	166.68

1.1.3 热轧无缝钢管质量

热轧无缝钢管质量 **表 1-3**

管道外径 (mm)	壁厚 (mm)	质量 (kg) 长度基数 (m)								
		1	2	3	4	5	6	7	8	9
32	2.5	1.76	3.52	5.28	7.04	8.80	10.56	12.32	14.08	15.84
	3	2.15	4.30	6.45	8.60	10.75	12.90	15.05	17.20	19.35
	3.5	2.46	4.92	7.38	9.84	12.30	14.76	17.22	19.68	22.14
	4	2.76	5.52	8.28	11.04	13.80	16.56	19.32	22.08	24.84
	4.5	3.05	6.10	9.15	12.20	15.25	18.30	21.35	24.40	27.45
	5	3.33	6.66	9.99	13.32	16.65	19.98	23.31	26.64	29.97

续表

管道外径（mm）	壁厚（mm）	质量（kg）								
		长度基数（m）								
		1	2	3	4	5	6	7	8	9
38	2.5	2.19	4.38	6.57	8.76	10.95	13.14	15.33	17.52	19.71
	3	2.59	5.18	7.77	10.36	12.95	15.54	18.13	20.72	23.31
	3.5	2.95	5.96	8.94	11.92	14.90	17.88	20.86	23.84	26.82
	4	3.35	6.70	10.05	13.40	16.75	20.10	23.45	26.80	30.15
	4.5	3.72	7.44	11.16	14.88	18.60	22.32	26.04	29.76	33.48
	5	4.07	8.14	12.21	16.28	20.35	24.42	28.49	32.56	36.63
42	2.5	2.44	4.83	7.32	9.76	12.20	14.64	17.08	19.52	21.96
	3	2.89	5.78	8.67	11.56	14.45	17.34	20.23	23.12	26.01
	3.5	3.35	6.70	10.05	13.40	16.75	20.10	23.45	26.80	30.15
	4	3.75	7.50	11.25	15.00	18.75	22.50	26.26	30.00	37.75
	4.5	4.16	8.32	12.48	16.64	20.80	24.96	29.12	33.28	37.44
	5	4.56	9.12	13.68	18.24	22.80	27.36	31.92	36.48	41.04

续表

管道外径(mm)	壁厚(mm)	质量(kg)								
		长度基数(m)								
		1	2	3	4	5	6	7	8	9
45	2.5	2.62	5.24	7.86	10.48	13.10	15.72	18.34	20.96	23.58
	3	3.11	6.22	9.33	12.44	15.55	18.66	21.77	24.88	27.99
	3.5	3.58	7.16	10.74	14.32	17.90	21.48	25.06	28.64	32.22
	4	4.04	8.08	12.12	16.16	20.20	24.24	28.28	32.32	36.37
	4.5	4.49	8.98	13.47	17.96	22.45	26.94	31.43	35.92	40.41
	5	4.93	9.86	14.79	19.72	24.65	29.58	34.51	39.44	44.37
50	3	3.48	6.96	10.44	13.92	17.40	20.88	24.36	27.84	31.32
	3.5	4.01	8.02	12.03	18.04	20.05	24.06	28.07	32.08	36.09
	4	4.54	9.08	13.62	18.16	22.70	27.24	31.78	36.32	40.85
	4.5	5.05	11.10	15.15	20.20	25.25	30.30	35.35	40.40	45.45
	5	5.55	11.10	16.65	22.20	27.75	33.30	38.85	44.40	49.95
	5.5	6.04	12.08	18.12	24.16	30.20	36.24	42.28	48.32	54.36

续表

管道外径(mm)	壁厚(mm)	质量(kg)								
		长度基数(m)								
		1	2	3	4	5	6	7	8	9
57	3	4.00	8.00	12.00	16.00	20.00	24.00	28.00	32.00	36.00
	3.5	4.01	8.02	12.03	18.04	20.05	24.06	28.07	32.08	36.09
	4	4.54	9.08	13.62	18.16	22.70	27.24	31.78	36.32	40.86
	4.5	5.05	10.10	15.15	20.20	25.25	30.30	35.35	40.40	45.45
	5	5.55	11.10	16.65	22.20	27.75	33.30	38.85	44.40	49.95
	5.5	6.04	12.08	18.12	24.16	30.20	36.24	42.28	48.32	54.36
60	3	4.22	8.44	12.66	16.88	21.10	25.32	29.54	33.76	37.98
	3.5	4.88	9.76	16.64	19.52	24.40	29.28	34.16	39.04	43.92
	4	5.52	11.04	16.65	22.08	27.60	33.12	38.64	44.15	49.68
	4.5	6.16	12.32	18.48	24.64	30.80	36.96	43.12	49.28	55.44
	5	6.78	13.56	20.34	27.12	33.90	40.68	47.46	54.24	61.02
	5.5	7.39	14.78	22.17	29.56	36.95	44.34	51.73	59.12	66.51

续表

管道外径(mm)	壁厚(mm)	质量(kg)								
		长度基数(m)								
		1	2	3	4	5	6	7	8	9
70	3	5.40	18.80	16.20	21.60	27.00	32.40	37.80	43.20	48.60
	3.5	6.26	12.52	18.78	25.04	31.30	37.56	43.82	50.08	36.34
	4	7.10	14.20	21.30	28.40	35.50	42.60	49.70	50.80	63.90
	4.5	7.93	15.86	23.79	31.72	39.65	47.58	55.51	63.44	71.37
	5	8.75	17.50	26.25	35.00	43.75	52.50	61.25	70.00	78.75
	5.5	9.59	19.00	28.50	38.00	47.50	57.00	66.50	76.00	85.50
	6	10.36	20.72	31.08	41.44	51.80	62.16	72.52	82.88	93.24
	7	11.91	28.82	35.73	47.64	59.55	71.46	83.37	95.28	107.19

续表

管道外径（mm）	壁厚（mm）	质量（kg）								
		长度基数（m）								
		1	2	3	4	5	6	7	8	9
76	3	5.40	10.80	16.20	21.60	27.00	32.40	37.80	43.20	48.60
	3.5	6.26	12.52	18.78	25.04	31.30	37.56	43.82	50.08	36.34
	4	7.10	14.20	21.30	28.40	35.50	42.60	49.70	56.80	63.90
	4.5	7.93	15.86	23.79	31.72	39.65	47.58	55.51	63.44	71.37
	5	8.75	17.50	26.25	35.00	43.75	52.50	61.25	70.00	78.75
	5.5	9.50	19.00	28.50	38.00	47.50	57.00	66.50	76.00	85.50
	6	10.36	20.72	31.08	41.44	51.80	62.16	72.52	82.88	93.24
	7	11.91	23.82	35.73	47.64	59.55	71.46	83.37	95.28	107.19

续表

管道外径 (mm)	壁厚 (mm)	质量 (kg)								
		长度基数 (m)								
		1	2	3	4	5	6	7	8	9
89	3.5	7.38	14.76	22.14	29.52	36.90	44.28	51.66	59.04	66.42
	4	8.38	16.76	25.14	33.52	41.90	50.28	58.66	67.04	75.42
	4.5	9.38	18.76	28.14	37.52	46.90	56.28	65.66	75.04	84.42
	5	10.36	20.72	31.08	41.44	51.80	62.16	72.52	82.88	93.24
	5.5	11.33	22.66	33.99	45.32	56.65	67.98	79.31	90.64	101.97
	6	12.28	24.56	36.84	49.12	61.40	73.68	85.96	98.24	110.52
	7	14.16	28.32	42.48	56.64	70.80	84.96	99.12	113.28	127.44
	8	15.98	31.96	47.94	63.92	79.90	95.88	111.86	127.84	143.82

续表

管道外径 (mm)	壁厚 (mm)	质量（kg）								
		长度基数（m）								
		1	2	3	4	5	6	7	8	9
102	3.5	8.50	17.00	25.50	34.00	42.50	51.00	59.50	68.00	76.50
	4	9.67	19.34	29.01	38.68	48.35	58.02	67.69	77.36	87.03
	4.5	10.82	21.64	32.46	43.28	54.10	64.92	75.74	86.56	97.38
	5	11.96	23.92	35.88	47.84	59.80	71.76	83.72	95.68	107.64
	5.5	13.09	26.18	39.27	52.36	65.45	78.54	91.63	104.72	117.81
	6	14.21	28.42	42.63	56.84	71.05	85.26	99.47	113.68	127.89
108	4	10.26	20.52	30.78	41.04	51.30	61.56	71.82	82.08	92.34
	4.5	11.49	22.98	34.47	45.96	57.45	68.94	80.43	91.92	103.41
	5	12.7	25.40	38.10	50.80	63.50	76.20	88.90	101.60	114.30
	5.5	13.90	27.80	41.70	55.60	69.50	83.40	97.30	111.20	125.10
	6	15.09	30.18	45.27	60.36	75.45	90.54	105.63	120.72	135.81
	7	17.44	34.88	52.32	69.76	87.20	104.64	122.08	139.52	156.96
	8	19.73	39.46	59.19	78.92	98.65	118.38	138.11	157.84	177.57
	9	21.97	43.94	65.91	87.88	109.85	131.82	153.79	175.76	197.73

续表

管道外径（mm）	壁厚（mm）	质量（kg）								
		长度基数（m）								
		1	2	3	4	5	6	7	8	9
133	4	12.73	25.46	38.19	50.92	63.65	76.38	89.11	101.84	114.57
	4.5	14.26	28.52	42.78	57.04	71.30	85.56	99.82	114.08	128.34
	5	15.78	31.56	47.34	63.12	78.90	94.68	110.46	126.24	142.02
	5.85	17.29	34.58	51.87	69.16	86.45	103.74	121.03	138.32	155.61
	6	18.79	37.58	56.37	75.16	93.95	112.74	131.53	150.32	169.11
	7	21.75	43.50	65.25	87.00	108.75	130.50	152.25	174.00	195.75
	8	24.66	49.32	73.98	98.64	123.30	147.96	172.62	197.28	221.94
	9	27.52	55.04	82.56	110.08	137.60	165.12	192.64	220.16	247.68

续表

管道外径（mm）	壁厚（mm）	质量（kg）								
		长度基数（m）								
		1	2	3	4	5	6	7	8	9
159	4.5	17.15	34.30	51.45	68.60	85.75	102.90	120.05	137.20	154.35
	5	18.99	37.98	56.97	75.96	94.95	113.94	132.93	151.92	170.91
	5.5	20.82	41.64	62.46	83.28	104.10	124.92	145.74	166.56	187.38
	6	22.64	45.28	67.92	90.56	113.20	135.84	158.48	181.12	203.76
	7	26.24	52.48	78.72	104.96	131.20	157.44	183.68	209.92	236.16
	8	29.79	59.58	89.37	119.16	148.95	178.74	208.53	238.32	268.11
	9	33.29	66.58	99.87	133.16	166.45	199.74	233.03	266.32	299.61
219	6	31.54	63.08	94.62	126.16	157.70	189.24	220.78	252.32	283.86
	7	36.60	73.20	109.80	146.40	183.00	219.60	256.20	292.80	329.40
	8	41.63	83.26	124.89	166.52	208.15	249.78	291.41	333.04	374.67
	9	46.61	93.22	139.83	186.44	233.05	279.66	326.27	372.88	419.49
	10	51.54	103.08	154.62	206.16	257.70	309.24	360.78	412.32	463.86

续表

管道外径 (mm)	壁厚 (mm)	质量 (kg) 长度基数 (m)								
		1	2	3	4	5	6	7	8	9
245	7	41.09	82.18	123.27	164.36	205.45	246.54	287.63	328.72	369.81
	8	46.76	93.52	140.28	187.04	233.80	280.56	327.32	374.08	420.84
	9	52.38	104.76	157.14	209.52	261.90	314.28	366.66	419.04	471.42
	10	57.95	115.90	173.85	231.80	289.75	347.70	405.65	463.60	521.55
	11	63.48	126.96	190.44	253.92	317.40	380.88	444.36	507.84	571.32
273	7	45.92	91.84	137.76	183.68	229.60	275.52	321.44	367.36	413.28
	8	52.28	104.56	156.84	209.12	261.40	313.68	365.96	418.24	470.52
	9	58.60	117.20	175.80	234.40	293.00	351.60	410.20	468.80	527.40
	10	64.86	129.72	194.58	259.44	324.30	389.16	454.02	518.88	583.74
	11	71.07	142.14	213.21	284.28	355.35	426.42	497.49	568.56	639.63

续表

管道外径(mm)	壁厚(mm)	质量（kg）								
		长度基数（m）								
		1	2	3	4	5	6	7	8	9
325	8	62.54	125.08	187.62	250.16	312.70	375.24	437.78	500.32	562.86
	9	70.14	140.28	210.42	280.56	350.70	420.84	490.98	561.12	631.26
	10	77.66	155.36	233.04	310.72	388.40	466.08	543.76	621.44	699.12
	11	85.18	170.36	255.54	340.72	425.90	511.08	596.26	681.44	766.62
351	8	67.67	135.34	203.01	270.68	338.35	406.02	473.69	541.36	609.03
	9	75.91	151.82	227.73	303.64	379.55	455.46	531.37	607.28	683.19
	10	84.10	168.20	252.30	336.40	420.50	504.60	588.70	672.80	756.90
	11	92.23	184.46	276.69	368.92	461.15	553.38	645.61	737.84	830.07

续表

管道外径（mm）	壁厚（mm）	质量（kg）								
		长度基数（m）								
		1	2	3	4	5	6	7	8	9
377	9	81.68	163.36	245.04	326.72	408.40	490.08	571.76	653.44	735.12
	10	90.51	181.02	271.53	362.04	452.55	543.06	633.57	724.08	814.59
	11	99.29	198.58	297.87	397.16	496.45	595.74	695.03	794.32	893.61
426	9	92.55	185.10	277.65	370.20	462.75	555.30	647.85	740.40	832.95
	10	102.59	205.18	307.77	410.36	512.95	615.54	718.13	820.72	923.31
	11	112.58	225.16	337.74	450.32	562.90	675.48	788.06	900.64	1013.22

1.1.4 冷拔无缝钢管质量

冷拔无缝钢管质量 **表 1-4**

外径 (mm)	壁厚 (mm)											
	0.25	0.30	0.40	0.50	0.60	0.80	1.0	1.2	1.4	1.5	1.6	1.8
	理论质量 (kg/m)											
6	0.0354	0.042	0.055	0.068	0.080	0.103	0.123	0.142	0.159	0.166	0.174	0.186
7	0.0410	0.050	0.065	0.080	0.095	0.122	0.148	0.172	0.193	0.203	0.213	0.231
8	0.0477	0.057	0.075	0.092	0.109	0.142	0.173	0.201	0.228	0.240	0.252	0.275
9	0.054	0.064	0.085	0.105	0.124	0.162	0.197	0.231	0.262	0.277	0.292	0.319
10	0.060	0.072	0.095	0.117	0.139	0.181	0.222	0.260	0.297	0.314	0.331	0.364
11	0.066	0.079	0.105	0.129	0.154	0.201	0.246	0.290	0.331	0.351	0.371	0.408
12	0.072	0.087	0.114	0.142	0.169	0.221	0.271	0.319	0.366	0.388	0.410	0.453
(13)	0.079	0.094	0.124	0.154	0.183	0.241	0.296	0.349	0.400	0.425	0.450	0.497
14	0.085	0.101	0.134	0.166	0.198	0.260	0.320	0.379	0.435	0.462	0.489	0.541

注：带括号规格不推荐采用。后同。

续表

外径 (mm)	壁厚（mm）											
	0.25	0.30	0.40	0.50	0.60	0.80	1.0	1.2	1.4	1.5	1.6	1.8
	理论质量（kg/m）											
(15)	0.091	0.109	0.144	0.179	0.213	0.280	0.345	0.408	0.469	0.499	0.528	0.586
16	0.097	0.116	0.154	0.191	0.228	0.300	0.370	0.438	0.504	0.536	0.568	0.630
(17)	0.103	0.123	0.164	0.203	0.243	0.319	0.394	0.467	0.538	0.573	0.607	0.674
18	0.109	0.131	0.174	0.216	0.257	0.339	0.419	0.497	0.573	0.610	0.647	0.719
19	0.116	0.138	0.183	0.228	0.272	0.359	0.444	0.526	0.607	0.647	0.686	0.763
20	0.122	0.146	0.193	0.240	0.287	0.379	0.468	0.556	0.642	0.684	0.726	0.808
(21)	—	—	0.203	0.253	0.302	0.398	0.493	0.586	0.676	0.721	0.765	0.852
22	—	—	0.213	0.265	0.316	0.418	0.518	0.615	0.711	0.758	0.805	0.896
(23)	—	—	0.223	0.277	0.331	0.438	0.542	0.645	0.745	0.795	0.844	0.941
(24)	—	—	0.233	0.290	0.346	0.457	0.567	0.674	0.780	0.832	0.883	0.985

续表

外径 (mm)	壁厚 (mm)											
	0.25	0.30	0.40	0.50	0.60	0.80	1.0	1.2	1.4	1.5	1.6	1.8
	理论质量 (kg/m)											
25	—	—	0.243	0.302	0.361	0.477	0.592	0.704	0.814	0.869	0.923	1.029
27	—	—	0.262	0.327	0.390	0.517	0.641	0.763	0.883	0.943	1.002	1.118
28	—	—	0.272	0.339	0.405	0.536	0.665	0.793	0.918	0.980	1.041	1.162
29	—	—	0.282	0.351	0.420	0.556	0.690	0.822	0.952	1.017	1.081	1.207
30	—	—	0.292	0.364	0.435	0.576	0.715	0.852	0.987	1.054	1.120	1.251
32	—	—	0.312	0.388	0.464	0.615	0.764	0.911	1.056	1.128	1.199	1.340
34	—	—	0.331	0.413	0.494	0.655	0.813	0.970	1.125	1.202	1.278	1.429
(35)	—	—	0.341	0.425	0.509	0.674	0.838	1.000	1.159	1.239	1.317	1.473
36	—	—	0.351	0.438	0.524	0.694	0.863	1.029	1.194	1.276	1.357	1.517
38	—	—	0.371	0.462	0.553	0.734	0.912	1.088	1.26	1.35	1.44	1.61

续表

外径 (mm)	壁厚 (mm)											
	0.25	0.30	0.40	0.50	0.60	0.80	1.0	1.2	1.4	1.5	1.6	1.8
	理论质量 (kg/m)											
40	—	—	0.390	0.487	0.583	0.774	0.962	1.148	1.33	1.42	1.52	1.79
42	—	—	—	—	—	—	1.010	1.207	1.40	1.50	1.59	1.78
44.5	—	—	—	—	—	—	1.073	1.281	1.49	1.59	1.69	1.89
45	—	—	—	—	—	—	1.090	1.295	1.50	1.61	1.71	1.92
48	—	—	—	—	—	—	1.160	1.384	1.61	1.72	1.83	2.05
50	—	—	—	—	—	—	1.21	1.44	1.68	1.79	1.91	2.14
51	—	—	—	—	—	—	1.23	1.47	1.71	1.83	1.95	2.18
53	—	—	—	—	—	—	1.28	1.53	1.78	1.90	2.03	2.27
54	—	—	—	—	—	—	1.31	1.56	1.82	1.94	2.07	2.32
56	—	—	—	—	—	—	1.36	1.62	1.88	2.01	2.15	2.40

续表

外径 (mm)	壁厚 (mm)											
	0.25	0.30	0.40	0.50	0.60	0.80	1.0	1.2	1.4	1.5	1.6	1.8
	理论质量 (kg/m)											
57	—	—	—	—	—	—	1.38	1.65	1.92	2.05	2.18	2.45
60	—	—	—	—	—	—	1.45	1.74	2.02	2.16	2.30	2.58
63	—	—	—	—	—	—	1.53	1.83	2.13	2.27	2.42	2.72
65	—	—	—	—	—	—	1.58	1.89	2.19	2.35	2.50	2.80
(68)	—	—	—	—	—	—	1.65	1.98	2.30	2.46	2.62	2.94
70	—	—	—	—	—	—	1.70	2.03	2.37	2.53	2.70	3.03
73	—	—	—	—	—	—	1.78	2.12	2.47	2.64	2.82	3.16
75	—	—	—	—	—	—	1.82	2.18	2.54	2.72	2.89	3.25
76	—	—	—	—	—	—	1.85	2.21	2.57	2.75	2.93	3.29

续表

外径 (mm)	壁厚（mm）											
	2.0	2.2	2.5	2.8	3.0	3.2	3.5	4.0	4.5	5.0	5.5	6.0
	理论质量（kg/m）											
6	0.197	—	—	—	—	—	—	—	—	—	—	—
7	0.247	0.260	0.277	—	—	—	—	—	—	—	—	—
8	0.296	0.315	0.339	—	—	—	—	—	—	—	—	—
9	0.345	0.369	0.401	0.428	—	—	—	—	—	—	—	—
10	0.394	0.423	0.462	0.497	0.518	0.536	0.561	—	—	—	—	—
11	0.443	0.477	0.524	0.566	0.592	0.615	0.647	—	—	—	—	—
12	0.493	0.531	0.585	0.635	0.665	0.694	0.733	0.789	—	—	—	—
(13)	0.542	0.586	0.647	0.704	0.739	0.773	0.820	0.887	—	—	—	—
14	0.592	0.640	0.709	0.773	0.813	0.852	0.906	0.986	—	—	—	—

续表

外径 (mm)	壁厚（mm）											
	2.0	2.2	2.5	2.8	3.0	3.2	3.5	4.0	4.5	5.0	5.5	6.0
	理论质量（kg/m）											
(15)	0.641	0.694	0.770	0.842	0.887	0.931	0.993	1.09	1.17	1.23	—	—
16	0.690	0.748	0.83	0.91	0.96	1.01	1.08	1.18	1.28	1.36	—	—
(17)	0.739	0.803	0.89	0.98	1.04	1.09	1.16	1.28	1.39	1.48	—	—
18	0.789	0.857	0.96	1.05	1.11	1.17	1.25	1.38	1.50	1.60	—	—
19	0.838	0.911	1.02	1.12	1.18	1.25	1.34	1.48	1.61	1.73	1.83	1.92
20	0.887	0.965	1.08	1.19	1.26	1.33	1.42	1.58	1.72	1.85	1.97	2.07
(21)	0.937	1.02	1.14	1.26	1.33	1.40	1.51	1.68	1.83	1.97	2.10	2.22
22	0.986	1.074	1.202	1.325	1.405	1.483	1.596	1.775	1.941	2.095	2.237	2.366
(23)	1.04	1.13	1.26	1.39	1.48	1.56	1.68	1.87	2.05	2.22	2.37	2.51
(24)	1.08	1.18	1.32	1.46	1.55	1.64	1.77	1.97	2.16	2.34	2.51	2.66

续表

外径 (mm)	壁厚 (mm)											
	2.0	2.2	2.5	2.8	3.0	3.2	3.5	4.0	4.5	5.0	5.5	6.0
	理论质量 (kg/m)											
25	1.13	1.24	1.39	1.53	1.63	1.72	1.85	2.07	2.27	2.46	2.64	2.81
27	1.23	1.34	1.51	1.67	1.77	1.88	2.03	2.27	2.50	2.71	2.91	3.11
28	1.28	1.40	1.57	1.74	1.85	1.96	2.11	2.37	2.61	2.83	3.05	3.25
29	1.33	1.45	1.63	1.81	1.92	2.03	2.20	2.46	2.72	2.96	3.19	3.40
30	1.38	1.51	1.69	1.88	2.00	2.11	2.29	2.56	2.83	3.08	3.32	3.55
32	1.48	1.62	1.82	2.02	2.14	2.27	2.46	2.76	3.05	3.33	3.59	3.85
34	1.58	1.72	1.94	2.15	2.29	2.43	2.63	2.96	3.27	3.57	3.86	4.14
(35)	1.63	1.78	2.00	2.22	2.37	2.51	2.72	3.06	3.38	3.70	4.00	4.29
36	1.68	1.83	2.06	2.29	2.44	2.59	2.80	3.15	3.49	3.82	4.13	4.44
38	1.77	1.94	2.19	2.43	2.59	2.74	2.98	3.35	3.72	4.07	4.41	4.73

续表

外径 (mm)	壁厚 (mm)											
	2.0	2.2	2.5	2.8	3.0	3.2	3.5	4.0	4.5	5.0	5.5	6.0
	理论质量 (kg/m)											
40	1.87	2.05	2.31	2.57	2.74	2.90	3.15	3.55	3.94	4.31	4.68	5.03
42	1.97	2.16	2.43	2.71	2.88	3.06	3.32	3.75	4.16	4.56	4.95	5.32
44.5	2.10	2.29	2.59	2.88	3.07	3.26	3.54	3.99	4.44	4.87	5.29	5.69
45	2.12	2.32	2.62	2.91	3.11	3.30	3.58	4.04	4.49	4.93	5.35	5.77
48	2.27	2.48	2.80	3.12	3.33	3.53	3.84	4.34	4.82	5.30	5.76	6.21
50	2.37	2.59	2.93	3.26	3.48	3.69	4.01	4.54	5.05	5.55	6.03	6.51
51	2.42	2.65	2.99	3.33	3.55	3.77	4.10	4.63	5.16	5.67	6.17	6.65
53	2.51	2.75	3.11	3.46	3.70	3.93	4.27	4.83	5.38	5.92	6.44	6.95
54	2.56	2.81	3.17	3.53	3.77	4.01	4.36	4.93	5.49	6.04	6.57	7.10
56	2.66	2.92	3.30	3.67	3.92	4.16	4.53	5.13	5.71	6.29	6.85	7.39

续表

外径 (mm)	壁厚（mm）											
	2.0	2.2	2.5	2.8	3.0	3.2	3.5	4.0	4.5	5.0	5.5	6.0
	理论质量（kg/m）											
57	2.71	2.97	3.36	3.74	3.99	4.24	4.62	5.23	5.82	6.41	6.98	7.54
60	2.86	3.13	3.54	3.95	4.21	4.48	4.87	5.52	6.16	6.78	7.39	7.99
63	3.01	3.30	3.73	4.15	4.44	4.72	5.13	5.82	6.49	7.15	7.79	8.43
65	3.11	3.41	3.85	4.29	4.58	4.87	5.31	6.01	6.71	7.39	8.07	8.73
(68)	3.25	3.57	4.04	4.50	4.81	5.11	5.56	6.31	7.04	7.76	8.47	9.17
70	3.35	3.68	4.16	4.64	4.95	5.27	5.74	6.51	7.26	8.01	8.74	9.46
73	3.50	3.84	4.34	4.84	5.18	5.51	6.00	6.80	7.60	8.38	9.15	9.91
75	3.60	3.95	4.47	4.98	5.32	5.66	6.17	7.00	7.82	8.63	9.42	10.20
76	3.65	4.00	4.53	5.05	5.40	5.74	6.25	7.10	7.93	8.75	9.56	10.36

续表

外径 (mm)	壁厚 (mm)											
	6.5	7.0	7.5	8.0	8.5	9	9.5	10	11	12	13	14
	理论质量 (kg/m)											
32	4.09	4.31	4.53	4.73	—	—	—	—	—	—	—	—
34	4.41	4.66	4.90	5.13	—	—	—	—	—	—	—	—
(35)	4.57	4.83	5.08	5.32	—	—	—	—	—	—	—	—
36	4.73	5.00	5.27	5.52	—	—	—	—	—	—	—	—
38	5.05	5.35	5.64	5.92	6.18	6.43	—	—	—	—	—	—
40	5.37	5.69	6.01	6.31	6.60	6.88	—	—	—	—	—	—
42	5.69	6.04	6.38	6.70	7.02	7.32	—	—	—	—	—	—
44.5	6.09	6.47	6.84	7.20	7.54	7.88	—	—	—	—	—	—

续表

外径 (mm)	壁厚 (mm)											
	6.5	7.0	7.5	8.0	8.5	9	9.5	10	11	12	13	14
	理论质量 (kg/m)											
45	6.17	6.56	6.93	7.30	7.65	7.99	8.31	8.63	—	—	—	—
48	6.65	7.07	7.49	7.89	8.28	8.65	9.02	9.37	—	—	—	—
50	6.97	7.42	7.86	8.28	8.69	9.10	9.48	9.86	10.57	11.24	—	—
51	7.13	7.59	8.04	8.48	8.90	9.32	9.72	10.11	10.85	11.54	—	—
53	7.45	7.94	8.41	8.87	9.32	9.76	10.19	10.60	11.39	12.13	—	—
54	7.61	8.11	8.60	9.07	9.53	9.98	10.42	10.85	11.66	12.42	—	—
56	7.93	8.45	8.97	9.46	9.95	10.43	10.89	11.34	12.20	13.01	—	—
57	8.09	8.63	9.15	9.66	10.16	10.65	11.13	11.58	12.47	13.31	14.10	—

续表

外径（mm）	壁厚（mm）											
	6.5	7.0	7.5	8.0	8.5	9	9.5	10	11	12	13	14
	理论质量（kg/m）											
60	8.58	9.15	9.71	10.26	10.80	11.32	11.83	12.33	13.29	14.21	15.07	15.88
63	9.05	9.66	10.26	10.85	11.42	11.98	12.53	13.06	14.10	15.08	—	—
65	9.37	10.01	10.63	11.24	11.84	12.42	13.00	13.56	14.64	15.68	—	—
(68)	9.85	10.52	11.18	11.83	12.47	13.09	13.70	14.30	15.45	16.56	17.63	18.64
70	10.17	10.87	11.55	12.23	12.88	13.53	14.17	14.79	16.00	17.16	18.27	19.33
73	10.66	11.39	12.11	12.82	13.52	14.20	14.88	15.54	16.82	18.05	19.24	20.37
75	10.98	11.73	12.48	13.21	13.93	14.64	15.34	16.02	17.35	18.64	—	—
76	11.13	11.90	12.66	13.41	14.14	14.86	15.57	16.27	17.62	18.93	20.19	21.39

续表

外径 (mm)	壁厚 (mm)											
	1.4	1.5	1.6	1.8	2.0	2.2	2.5	2.8	3.0	3.2	3.5	4.0
	理论质量 (kg/m)											
80	2.71	2.90	3.09	3.47	3.85	4.22	4.78	5.33	5.69	6.06	6.60	7.49
(83)	2.82	3.01	3.21	3.60	3.99	4.38	4.96	5.53	5.92	6.29	6.86	7.79
85	2.88	3.09	3.29	3.69	4.09	4.49	5.08	5.67	6.06	6.45	7.03	7.99
89	3.02	3.24	3.45	3.87	4.29	4.71	5.33	5.95	6.36	6.77	7.38	8.38
90	3.06	3.27	3.49	3.91	4.34	4.76	5.39	6.02	6.43	6.85	7.46	8.48
95	3.23	3.46	3.68	4.13	4.58	5.03	5.70	6.36	6.80	7.24	7.89	8.97
100	3.40	3.64	3.88	4.36	4.83	5.30	6.01	6.71	7.17	7.63	8.32	9.46
(102)	3.47	3.72	3.96	4.45	4.93	5.41	6.13	6.85	7.32	7.79	8.50	9.66
108	3.68	3.94	4.20	4.71	5.23	5.74	6.50	7.26	7.76	8.27	9.02	10.25
110	3.75	4.01	4.27	4.80	5.32	5.85	6.62	7.40	7.91	8.42	9.19	10.45

续表

外径 (mm)	壁厚 (mm)											
	1.4	1.5	1.6	1.8	2.0	2.2	2.5	2.8	3.0	3.2	3.5	4.0
	理论质量 (kg/m)											
120		4.38	4.67	5.24	5.82	6.39	7.24	8.09	8.65	9.21	10.05	11.44
125	—	—	—	5.47	6.07	6.66	7.54	8.42	9.03	9.61	10.49	11.94
130	—	—	—	—	—	—	7.86	8.78	9.40	10.00	10.92	12.43
133	—	—	—	—	—	—	8.05	8.98	9.62	10.24	11.18	12.72
140	—	—	—	—	—	—	—	—	10.14	10.80	11.78	13.42
150	—	—	—	—	—	—	—	—	10.88	11.58	12.65	14.40
160	—	—	—	—	—	—	—	—	—	—	13.51	15.39
170	—	—	—	—	—	—	—	—	—	—	14.37	16.37
180	—	—	—	—	—	—	—	—	—		15.23	17.36
190	—	—	—	—	—	—	—	—	—	—	—	18.35
200	—	—	—	—	—	—	—	—	—	—	—	19.33

续表

外径 (mm)	壁厚 (mm)											
	4.5	5.0	5.5	6.0	6.5	7.0	7.5	8.0	8.5	9	9.5	10
	理论质量 (kg/m)											
80	8.38	9.25	10.10	10.954	11.78	12.60	13.41	14.20	14.99	15.76	16.52	17.26
(83)	8.71	9.62	10.51	11.39	12.26	13.12	13.96	14.80	15.62	16.42	17.22	18.00
85	8.93	9.86	10.78	11.68	12.58	13.46	14.33	15.18	16.03	16.86	17.68	18.49
89	9.38	10.36	11.33	12.28	13.22	14.16	15.07	15.98	16.87	17.76	18.63	19.48
90	9.49	10.48	11.46	12.43	13.38	14.33	15.22	16.18	17.08	17.98	18.86	19.73
95	10.04	11.10	12.14	13.17	14.19	15.19	16.18	17.16	18.13	19.09	20.03	20.96
100	10.60	11.71	12.82	13.91	14.99	16.05	17.11	18.15	19.18	20.20	21.20	22.19
(102)	10.82	11.96	13.09	14.21	15.31	16.40	17.48	18.55	19.60	20.64	21.67	22.69
108	11.49	12.69	13.90	15.08	16.26	17.43	18.58	19.72	20.85	21.96	23.06	24.16
110	11.71	12.94	14.17	15.38	16.58	17.77	18.95	20.11	21.27	22.41	23.53	24.65

续表

外径 (mm)	壁厚 (mm)											
	4.5	5.0	5.5	6.0	6.5	7.0	7.5	8.0	8.5	9	9.5	10
	理论质量 (kg/m)											
120	12.82	14.17	15.52	16.86	18.18	19.50	20.80	22.08	23.36	24.62	25.87	27.11
125	13.37	14.80	16.20	17.60	18.99	20.36	21.72	23.07	24.41	25.73	27.05	28.35
130	13.93	15.41	16.88	18.34	19.79	21.22	22.65	24.06	25.46	26.84	28.22	29.58
133	14.26	15.77	17.28	18.78	20.27	21.74	23.20	24.65	26.08	27.51	28.92	30.32
140	15.04	16.64	18.23	19.82	21.39	22.95	24.49	26.03	27.55	29.06	30.56	32.04
150	16.15	17.87	19.59	21.30	22.99	24.67	26.34	28.00	29.65	31.28	32.90	34.51
160	17.26	19.11	20.96	22.79	24.60	26.41	28.20	29.99	31.76	33.51	35.26	36.99
170	18.37	20.34	22.31	24.27	26.21	28.14	30.05	31.96	33.85	35.73	37.60	39.46
180	19.48	21.58	23.67	25.75	27.81	29.87	31.90	33.93	35.95	37.95	39.94	41.92
190	20.58	22.81	25.02	27.22	29.41	31.59	33.75	35.90	38.04	40.17	42.29	44.39
200	21.69	24.4	26.38	28.70	31.02	33.32	35.60	37.88	40.14	42.39	44.63	46.85

续表

外径（mm）	壁厚（mm）				
	6.5	7.0	7.5	8.0	8.5
	理论质量（kg/m）				
9	—	—	—	—	—
10	—	—	—	—	—
11	—	—	—	—	—
12	—	—	—	—	—
(13)	—	—	—	—	—
14	—	—	—	—	—
(15)	—	—	—	—	—
16	—	—	—	—	—
(17)	—	—	—	—	—
18	—	—	—	—	—
19	—	—	—	—	—

续表

外径 (mm)	壁厚（mm）				
	6.5	7.0	7.5	8.0	8.5
	理论质量（kg/m）				
20	—	—	—	—	—
(21)	—	—	—	—	—
22	—	—	—	—	—
(23)	—	—	—	—	—
(24)	2.80	2.93	—	—	—
25	2.96	3.11	—	—	—
27	3.28	3.45	—	—	—
28	3.44	3.62	—	—	—
29	3.60	3.80	3.97	—	—
30	3.76	3.97	4.16	—	—

续表

外径（mm）	壁厚（mm）			
	11	12	13	14
	理论质量（kg/m）			
80	18.72	20.12	—	—
(83)	19.53	21.01	22.44	23.82
85	20.07	21.60	—	—
89	21.16	22.78	24.36	25.89
90	21.43	23.08	24.68	26.24
95	22.78	24.56	26.28	27.96
100	24.14	26.04	27.89	29.69
(102)	24.68	26.63	28.53	30.38
108	26.31	28.40	30.45	32.45
110	26.85	29.00	31.09	33.14
120	29.56	31.95	34.30	36.59

续表

外径（mm）	壁厚（mm）			
	11	12	13	14
	理论质量（kg/m）			
125	30.92	33.43	35.90	38.31
130	32.27	34.91	37.50	40.04
133	33.09	35.80	38.46	41.07
140	34.99	37.87	40.70	43.49
150	37.70	40.83	43.91	46.94
160	40.41	43.78	47.11	50.39
170	43.12	46.74	50.32	53.84
180	45.83	49.70	53.52	57.29
190	48.54	52.66	56.73	60.74
200	51.25	55.62	59.93	64.19

注：带括号规格不推荐采用，后同。

1.1.5 塑料管规格及质量

1.1.5.1 软聚氯乙烯管规格及质量

软聚氯乙烯管规格及质量 表 1-5

电气套管					流体输送管				
内径	壁厚	长度	近似质量		内径	壁厚	长度	近似质量	
(mm)		(m)	(kg/m)	(kg/根)	(mm)		(m)	(kg/m)	(kg/根)
1.0	0.4		0.0023	0.0023					
1.5	0.4		0.0031	0.0031					
2.0	0.4		0.0039	0.0039					
2.5	0.4		0.0048	0.0048					
3.0	0.4	≥10	0.0056	0.0056	3.0	1.0	≥10	0.016	0.164
3.5	0.4		0.0064	0.0064					
4.0	0.6		0.011	0.013	4.0	1.0	≥10	0.021	0.205

续表

电气套管					流体输送管				
内径	壁厚	长度	近似质量		内径	壁厚	长度	近似质量	
(mm)		(m)	(kg/m)	(kg/根)	(mm)		(m)	(kg/m)	(kg/根)
4.5	0.6		0.013	0.125					
5.0	0.6		0.014	0.138	5.0	1.0		0.025	0.246
6.0	0.6		0.016	0.162	6.0	1.0		0.029	0.287
7.0	0.6		0.019	0.187	7.0	1.0		0.033	0.328
8.0	0.6		0.021	0.212	8.0	1.5		0.058	0.584
9.0	0.6		0.024	0.236	9.0	1.5	≥10	0.065	0.646
10.0	0.7		0.031	0.307	10.0	1.5		0.071	0.707
12.0	0.7		0.036	0.364	12.0	1.5		0.083	0.830
14.0	0.7		0.042	0.422	14.0	2.0		0.13	1.31
16.0	0.9		0.062	0.624	16.0	2.0		0.15	1.48
18.0	1.2		0.094	0.935					

续表

电气套管					流体输送管				
内径	壁厚	长度	近似质量		内径	壁厚	长度	近似质量	
(mm)		(m)	(kg/m)	(kg/根)	(mm)		(m)	(kg/m)	(kg/根)
20.0	1.2	≥10	0.1	1.04	20.0	2.5	≥10	0.23	2.31
22.0	1.2		0.11	1.14					
25.0	1.2		0.13	1.29	25.0	3.0	≥10	0.34	3.44
28.0	1.4		0.17	1.69					
30.0	1.4		0.18	1.8	32.0	3.5	≥10	0.51	5.09
34.0	1.4		0.2	2.03					
36.0	1.4		0.21	2.15					
40.0	1.8		0.31	3.08	40.0	4.0		0.72	7.22
					50.0	5.0	≥10	1.13	11.28

注：1. 管材的近似质量是估计数。

2. 近似质量中的“kg/根”系以管长10m计。

1.1.5.2 硬聚氯乙烯管质量

硬聚氯乙烯管质量 表 1-6

公称直径（mm）	外径×壁厚（mm）	质量（kg）								
		长度基数（m）								
		1	2	3	4	5	6	7	8	9
15	20×2	0.16	0.32	0.48	0.64	0.80	0.96	1.12	1.28	1.44
20	25×2	0.20	0.40	0.60	0.80	1.00	1.20	1.40	1.60	1.80
25	32×3	0.38	0.76	1.14	1.52	1.90	2.28	2.66	3.04	3.42
32	40×3.5	0.56	1.12	1.68	2.24	2.80	3.36	3.92	4.48	5.04
40	51×4	0.88	1.76	2.64	3.52	4.40	5.28	6.16	7.04	7.92
50	65×4.5	1.17	2.34	3.51	4.68	5.85	7.02	8.19	9.36	10.53
65	76×5	1.56	3.12	4.68	6.24	7.80	9.36	10.92	12.48	14.04
80	90×6	2.20	4.40	6.60	8.80	11.00	13.20	15.40	17.60	19.80
100	114×7	3.30	6.60	9.90	13.20	16.50	19.80	23.10	26.40	29.70
125	140×8	4.54	9.08	13.62	18.16	22.70	27.24	31.78	36.32	40.86
150	166×8	5.60	11.20	16.80	22.40	28.00	33.60	39.20	44.80	50.40
200	218×10	7.50	15.00	22.50	30.00	37.50	45.00	52.50	60.00	67.50

1.1.5.3 硬聚氯乙烯排水管规格及质量

硬聚氯乙烯排水管的规格及质量 **表 1-7**

公称直径 DN (mm)	尺寸（mm）				接口		近似质量 (kg/m)
	外径及公差	近似内径	壁厚及公差	管长	接口形式	胶粘剂或材料	
50 75 100	58.6±0.4 83.8±0.5 114.2±0.6		3.5 4.5 5.5	4000±100	承插接口	过氯乙烯胶水	0.90 1.60 2.85
40 50 75 100	48±0.3 60±0.3 89±0.5 114.2±0.5	44 56 83 107			承插接口	816#硬PVC管瞬干胶粘剂	0.43 0.56 1.22 1.82
50 75 100	60 89 114		2.0 3.0 3.5	400	承插接口	901#胶水 903#胶水	0.63 1.32 1.94

续表

公称直径 DN (mm)	尺寸（mm）				接　口		近似 质量 (kg/m)
	外径及 公差	近似 内径	壁厚及 公差	管长	接口 形式	胶粘剂或 材料	
40 50 75 100	48 59 84 109		4 4 5	3000～4000 3700～5500 5500 3700	管螺纹 接口		0.83 0.92 1.33 1.98
40 50 75 100	48 59 84 109		2.5 3 3.5 4		管螺纹 接口		
50 75 100	58±0.3 85±0.3 111±0.3	50.5 75.5 100.5	3±0.2 4±0.3 4.5±0.35	4000	承插接口		0.9 1.7 2.5

续表

公称直径 DN (mm)	尺寸 (mm)				接口		近似质量 (kg/m)
	外径及公差	近似内径	壁厚及公差	管长	接口形式	胶粘剂或材料	
50	63±0.5		3.5±0.3	40000±100	承插接口		
90	90±0.7		4±0.3				
100	110±0.8		4.5±0.35				
40	48		2.5	3000～6000	管螺纹接口		
50	58		2.5	2700～6000			
75	83		3	2700～6000			
100	110		3.3	2700～6000			

1.1.5.4 耐酸酚醛塑料管规格及质量

耐酸酚醛塑料管规格及质量 **表 1-8**

公称直径(mm)	壁厚(mm)	长度(mm)			
		500	1000	1500	2000
		质量(kg)			
33	9	1.39	2.66	3.93	5.20
54	11	2.10	3.97	5.85	7.73
78	12	3.34	6.36	9.38	12.40
100	12	4.10	7.83	11.60	15.30
150	14	7.50	14.00	20.50	27.00
200	14	10.10	18.90	27.00	36.70
250	16	13.30	24.60	35.90	47.21
300	16	16.20	28.70	43.10	56.70
350	18	21.20	37.70	54.00	70.30
400	18	26.50	47.80	68.80	90.50
450	20	33.40	59.60	85.90	112.40
500	20	37.60	67.10	97.90	124.80

1.1.5.5 聚乙烯（PE）管规格及质量

聚乙烯（PE）管的规格及质量 **表 1-9**

外径	壁厚	长度	近似质量		外径	壁厚	长度	近似质量	
(mm)		(m)	(kg/m)	(kg/根)	(mm)		(m)	(kg/m)	(kg/根)
5	0.5	≥4	0.007	0.028	40	3.0	≥4	0.321	1.28
6	0.5		0.008	0.032	50	4.0		0.532	2.13
8	1.0		0.020	0.080	63	5.0		0.838	3.35
10	1.0		0.026	0.104	75	6.0		1.20	4.80
12	1.5		0.046	0.184	90	7.0		1.68	6.72
16	2.0		0.081	0.324	110	8.5		2.49	9.96
20	2.0	≥4	0.104	0.416	125	10.0	≥4	3.32	13.3
25	2.0		0.133	0.532	140	11.0		4.10	10.4
32	2.5		0.213	0.852	160	12.0		5.12	20.5

注：1. 外径 25mm 以下规格，内径与之相应的软聚氯乙烯管材规格相符，可以互换使用。
2. 外径 75mm 以上规格产品为建议数据。
3. 每根质量按管长 4m 计；近似质量按照密度 0.92 计算。
4. 包装：卷盘，盘径≥24 倍管外径。

1.1.5.6 聚丙烯（PP）管规格

聚丙烯（PP）管规格 **表 1-10**

管型	尺寸（mm）		壁厚（mm）	推荐使用压力（MPa）				
	公称直径	外径		20℃	40℃	60℃	80℃	100℃
轻型管	15	20	2	≤1.0	≤0.6	≤0.4	≤0.25	≤0.15
	20	25	2					
	25	32	3					
	32	40	3.5					
	40	51	4					
	50	65	4.5					
	65	76	5					
	80	90	6					
	100	114	7	≤0.6	≤0.4	≤0.25	≤0.25	≤0.1
	125	140	8					
	150	166	8					
	200	218	10					

续表

管型	尺寸（mm）		壁厚（mm）	推荐使用压力（MPa）				
	公称直径	外径		20℃	40℃	60℃	80℃	100℃
重型管	8	12.5	2.25	≤1.6	≤1.0	≤0.6	≤0.4	≤0.25
	10	15	2.5					
	15	20	2.5					
	25	25	3					
	32	40	5					
	40	51	6					
	50	65	7					
	65	76	8					

1.1.6 给水承插铸铁管质量

给水承插铸铁管质量 **表 1-11**

公称直径（mm）	壁厚（mm）	直管长度（mm）	质量（kg）								
			长度基数（m）								
			10	20	30	40	50	60	70	80	90
75	9.0	3000	195	390	585	780	975	1170	1365	1560	1755
		4000	189	378	567	756	945	1134	1323	1512	1701
100	9.0	3000	252	503	755	1007	1258	1510	1762	2013	2265
		4000	244	489	733	977	1221	1466	1710	1954	2198
		5000	240	480	719	959	1199	1439	1679	1918	2158
125	9.0	4000	298	595	893	1190	1488	1785	2083	2380	2678
		5000	293	585	878	1170	1463	1756	2048	2341	2633
150	9.5	4000	373	7456	1118	1490	1863	2235	2608	2980	3353
		5000	367	733	1100	1466	1833	2200	2566	2933	3299
		6000	363	725	1088	1451	1813	2176	2539	2901	3264

续表

公称直径（mm）	壁厚（mm）	直管长度（mm）	质量（kg） 长度基数（m）								
			10	20	30	40	50	60	70	80	90
200	10.0	4000	518	1035	1553	2070	2588	3105	3623	4140	4658
		5000	509	1018	1527	2036	2545	3054	3563	4072	4581
		6000	503	1007	1510	2013	2517	3020	3523	4027	4530
250	10.8	4000	693	1385	2078	2770	3463	4155	4848	5540	6233
		5000	681	1363	2044	2726	3407	4088	4770	5451	6133
		6000	674	1348	2022	2696	3370	4044	4718	5392	6066
300	11.4	4000	870	1740	2610	3480	4350	5220	6090	6960	7830
		5000	857	1713	2570	3426	4283	5140	5996	6853	7709
		6000	848	1695	2543	3391	4238	5086	5934	6781	7629
350	12.0	4000	1050	2100	3150	4200	5250	6300	7350	8400	9450
		5000	1049	2097	3146	4194	5243	6292	7340	8389	9437
		6000	1038	2075	3113	4151	5188	6226	7263	8301	9339

续表

公称直径(mm)	壁厚(mm)	直管长度(mm)	质量（kg）长度基数（m）								
			10	20	30	40	50	60	70	80	90
400	12.8	4000	1300	2600	3900	5200	6500	7800	9100	10400	11700
		5000	1280	2560	3840	5120	6400	7680	8960	10240	11520
		6000	1267	2533	3800	5067	6333	7600	8866	10133	11400
450	13.4	4000	1520	3040	4560	6080	7600	9120	10640	12160	13680
		5000	1496	2992	4488	5984	7480	8976	10472	11968	13464
		6000	1480	2960	4440	5920	7400	8880	10360	11840	13320
500	14.0	4000	1765	3530	5295	7060	8825	10590	12355	14120	15885
		5000	1738	3476	5214	6952	8690	10428	12166	13904	15642
		6000	1720	3440	5160	6880	8600	10320	12040	13760	15480
600	15.4	4000	2320	4640	6960	9280	11600	13920	16240	18560	20880
		5000	2284	4568	6852	9136	11420	13704	15988	18272	20556
		6000	2260	4520	6780	9040	11300	13560	15820	18080	20340

续表

公称直径(mm)	壁厚(mm)	直管长度(mm)	质量(kg) 长度基数(m)								
			10	20	30	40	50	60	70	80	90
700	16.5	4000	2900	5800	8700	11600	14500	17400	20300	23200	26100
		5000	2854	5708	8562	11416	14270	17124	19978	22832	25686
		6000	2823	5647	8470	11293	14117	16940	19763	22587	25410
800	18.0	4000	2850	5700	8550	11400	14250	17100	19950	22800	25650
		5000	3546	7092	10638	14184	17730	21276	24822	28368	31914
		6000	3510	7020	10530	14040	17550	21060	24570	28080	31590
900	19.5	4000	4400	8800	13200	17600	22000	26400	30800	35200	39600
		5000	4332	8664	12996	17328	21660	25992	30324	34656	38988
		6000	4290	8580	12870	17160	21450	25740	30030	34320	38610
1000	22.0	4000	5525	11050	16575	22100	27625	33150	38675	44200	49725
		5000	5434	10868	16302	21736	27170	32604	38038	43472	48906
		6000	5373	10747	16120	21493	26867	32240	37613	42987	48360

续表

公称直径(mm)	壁厚(mm)	直管长度(mm)	质量（kg） 长度基数（m）								
			10	20	30	40	50	60	70	80	90
1100	23.5	4000	6495	12950	19425	25900	32375	38850	45325	51800	58275
		5000	6370	12740	19110	25480	31850	38220	44590	50960	57330
		6000	6300	12600	18900	25200	31500	37800	44100	50400	56700
1200	25.0	4000	7525	15050	22575	30100	37625	45150	52675	60200	67725
		5000	7400	14800	22200	29600	37000	44400	51800	59200	66600
		6000	7317	14634	21951	29268	36585	43902	51219	58536	65853
1350	27.5	4000	9350	18700	28050	37400	46750	56100	65450	74800	84150
		5000	8188	16376	24564	32752	40940	49128	57316	65504	73692
		6000	9080	18160	27240	36320	45400	54480	63560	72640	81720
1500	30.0	4000	11325	22650	33975	45300	56625	67950	79275	90600	101925
		5000	11128	22256	33384	44512	55640	66768	77896	89024	100152
		6000	10997	21994	32991	43988	54985	65982	76979	87976	98970

注：根据《给水排水设计手册》（1975 年版）编制。

1.1.7 排水承插铸铁管质量

排水承插铸铁管质量　　表 1-12

公称直径（mm）	壁厚（mm）	质　量（kg） 长度基数（m）								
		10	20	30	40	50	60	70	80	90
50	5	68.7	137.4	206.1	274.8	343.5	412.2	480.9	549.6	618.3
75	5	99.3	198.6	297.9	397.2	496.5	595.8	695.1	794.4	893.7
100	5	130.7	261.4	392.1	522.8	653.5	784.2	914.9	1045.6	1176.3
125	6	196.0	392.0	588.0	784.0	980.0	1176.0	1372.0	1568.0	1764.0
150	6	232.7	465.4	698.1	930.8	1163.5	1396.2	1628.9	1861.6	2094.3
200	7	358.0	716.0	1074.0	1432.0	1790.0	2148.0	2506.0	2864.0	3222.0

1.2 常用材料面积及体积

1.2.1 焊接钢管除锈、刷油表面积

焊接钢管除锈、刷油表面积 **表 1-13**

公称直径(mm)	外径(mm)	面积(m^2)								
		长度基数(m)								
		10	20	30	40	50	60	70	80	90
10	17	0.534	1.068	1.602	2.136	2.670	3.204	3.738	4.272	4.806
15	21.25	0.670	1.340	2.010	2.680	3.350	4.020	4.690	5.360	6.030
20	26.75	0.840	1.680	2.520	3.360	4.200	5.040	5.880	6.720	7.560
25	33.50	1.052	3.040	4.560	6.080	7.600	9.120	10.640	12.160	13.680
32	42.25	1.327	2.654	3.981	5.308	6.635	7.962	9.289	10.616	11.943

续表

公称直径（mm）	壁厚（mm）	面积（m^2）								
		长度基数（m）								
		10	20	30	40	50	60	70	80	90
40	48.00	1.508	3.016	4.524	6.032	7.540	9.048	10.556	12.064	13.572
50	60.00	1.885	3.770	5.655	7.540	9.425	11.310	13.195	15.080	16.965
70	75.50	2.372	4.744	7.116	9.488	11.860	14.232	16.604	18.976	21.348
80	85.50	2.780	5.560	8.340	11.120	13.900	16.680	19.460	22.240	25.020
100	114.00	3.581	7.162	10.743	14.324	17.905	21.486	25.067	28.648	32.229
125	140.00	4.398	8.796	13.194	17.592	21.990	26.388	30.786	35.184	39.582
150	165.00	5.184	10.368	15.552	20.736	25.920	31.104	36.288	41.472	46.656

1.2.2 无缝钢管除锈、刷油表面积

无缝钢管除锈、刷油表面积 **表 1-14**

管道外径 (mm)	面积 (m^2)								
	长度基数 (m)								
	10	20	30	40	50	60	70	80	90
14	0.440	0.880	1.320	1.760	2.200	2.640	3.080	3.520	3.960
18	0.566	1.132	1.698	2.264	2.830	3.396	3.962	4.528	5.094
25	0.785	1.570	2.355	3.140	3.925	4.710	5.495	6.280	7.065
32	1.005	2.010	3.015	4.020	5.025	6.030	7.035	8.040	9.045
38	1.194	2.388	3.582	4.776	5.970	7.164	8.358	9.552	10.746
45	1.398	2.796	4.194	5.592	6.990	8.388	9.786	11.184	12.582
57	1.791	3.582	5.373	7.164	8.955	10.746	12.537	14.328	16.119

续表

管道外径(mm)	面积(m^2) 长度基数(m)								
	10	20	30	40	50	60	70	80	90
76	2.388	4.776	7.164	9.552	11.940	14.328	16.716	19.104	21.492
89	2.796	5.592	8.388	11.184	13.980	16.776	19.572	22.368	25.164
108	3.393	6.786	10.179	13.572	16.965	20.358	23.751	27.144	30.537
133	4.178	8.356	12.534	16.712	20.890	25.068	29.246	33.424	37.602
159	4.995	9.990	14.985	19.980	24.975	29.970	34.965	39.960	44.955
168	5.278	10.556	15.834	21.112	26.390	31.668	36.946	42.224	47.502
194	6.095	12.190	18.285	24.380	30.475	36.570	42.665	48.760	54.855
219	6.880	13.760	20.640	27.520	34.400	41.280	48.160	55.040	61.920

续表

管道外径(mm)	面积(m²)								
	长度基数(m)								
	10	20	30	40	50	60	70	80	90
273	8.577	17.154	25.731	34.308	42.885	51.462	60.039	68.616	77.193
299	9.393	18.786	28.179	37.572	46.965	56.358	65.751	75.144	84.537
325	10.210	20.420	30.630	40.840	51.050	61.260	71.470	81.680	91.890
351	11.027	22.054	33.081	44.108	55.135	66.162	77.189	88.216	99.243
377	11.844	23.688	35.532	47.376	59.220	71.064	82.908	94.752	106.596
426	13.384	26.768	40.152	53.536	66.920	80.304	93.688	107.072	120.456
529	16.621	33.242	49.863	66.484	83.105	99.726	116.347	132.968	149.589
630	19.795	39.590	59.385	79.180	98.975	118.770	138.565	158.360	178.155
720	22.622	45.244	67.866	90.488	113.110	135.732	158.354	180.976	203.598

1.2.3 焊接钢管保温绝缘面积

焊接钢管保温绝缘面积 表 1-15

公称直径(mm)	外径(mm)	面积（m²）长度基数（m） 10	20	30	40	50	60	70	80	90
20	25	2.411	4.822	7.233	9.644	12.055	14.466	16.877	19.288	21.699
	30	2.725	5.450	8.175	10.900	13.625	16.350	19.075	21.800	24.525
	40	3.354	6.708	10.062	13.416	16.770	20.124	23.478	26.832	30.186
	50	3.982	7.964	11.946	15.928	19.910	23.892	27.874	31.856	35.838
	60	4.610	9.220	13.830	18.440	23.050	27.660	32.270	36.880	41.490
	70	5.239	10.478	15.717	20.956	26.195	31.434	36.673	41.912	47.151

续表

公称直径(mm)	外径(mm)	面　积　(m^2)								
		长度基数　(m)								
		10	20	30	40	50	60	70	80	90
20	80	5.867	11.734	17.601	23.468	29.335	35.202	41.069	46.936	52.803
25	25	2.623	5.246	7.869	10.492	13.115	15.738	18.361	20.984	23.607
	30	2.937	5.874	8.811	11.748	14.685	17.622	20.559	23.496	26.433
	40	3.566	7.132	10.698	14.264	17.830	21.396	24.962	28.528	32.094
	50	4.194	8.388	12.582	16.776	20.970	25.164	29.358	33.552	37.746
	60	4.822	9.644	14.466	19.288	24.110	28.932	33.754	38.576	43.398
	70	5.451	10.902	16.353	21.804	27.255	32.706	38.157	43.608	49.059
	80	6.079	12.158	18.237	24.316	30.395	36.474	42.553	48.632	54.711

续表

公称直径(mm)	外径(mm)	面积(m²)								
		长度基数(m)								
		10	20	30	40	50	60	70	80	90
32	25	2.898	5.796	8.694	11.592	14.490	17.388	20.286	23.184	26.082
	30	3.212	6.424	9.636	12.848	16.060	19.272	22.484	25.696	28.908
	40	3.841	7.682	11.523	15.364	19.205	23.046	26.887	30.728	34.569
	50	4.477	8.954	13.431	17.908	22.385	26.862	31.339	35.816	40.293
	60	5.097	10.194	15.291	20.388	25.485	30.582	35.679	40.776	45.873
	70	5.726	11.452	17.178	22.904	28.630	34.356	40.082	45.808	51.534
	80	6.354	12.708	19.062	25.416	31.770	38.124	44.478	50.832	57.186

续表

公称直径(mm)	外径(mm)	面积 (m^2)								
		长度基数 (m)								
		10	20	30	40	50	60	70	80	90
40	25	3.079	6.158	9.237	12.316	15.395	18.474	21.553	24.632	27.711
	30	3.393	6.786	10.179	13.572	16.965	20.358	23.751	27.144	30.537
	40	4.021	8.042	12.063	16.084	20.105	24.126	28.147	32.168	36.189
	50	4.665	9.330	13.995	18.660	23.325	27.990	32.655	37.320	41.985
	60	5.279	10.558	15.837	21.116	26.395	31.674	36.953	42.232	47.511
	70	5.906	11.812	17.718	23.624	29.530	35.436	41.342	47.248	53.154
	80	6.535	13.070	19.605	26.140	32.675	39.210	45.745	52.280	58.815

续表

公称直径(mm)	外径(mm)	面积 (m^2) 长度基数 (m)								
		10	20	30	40	50	60	70	80	90
50	25	3.456	6.912	10.368	13.824	17.280	20.736	24.192	27.648	31.104
	30	3.769	7.538	11.307	15.076	18.845	22.614	26.383	30.152	33.921
	40	4.398	8.796	13.194	17.592	21.990	26.388	30.786	35.184	39.582
	50	5.027	10.054	15.081	20.108	25.135	30.162	35.189	40.216	45.243
	60	5.655	11.310	16.965	22.620	28.275	33.930	39.585	45.240	50.895
	70	6.283	12.566	18.849	25.132	31.415	37.698	43.981	50.264	56.547
	80	6.911	13.822	20.733	27.644	34.555	41.466	48.377	55.288	62.199
	90	7.540	15.080	22.620	30.160	37.700	45.240	52.780	60.320	67.860

续表

公称直径(mm)	外径(mm)	面积 (m^2)								
		长度基数 (m)								
		10	20	30	40	50	60	70	80	90
70	25	3.943	7.886	11.829	15.772	19.715	23.658	27.601	31.544	35.487
	30	4.257	8.514	12.771	17.028	21.285	25.542	29.799	34.056	38.313
	40	4.885	9.770	14.655	19.540	24.425	29.310	34.195	39.080	43.965
	50	5.514	11.028	16.542	22.056	27.570	33.084	38.598	44.112	49.626
	60	6.142	12.284	18.426	24.568	30.710	36.852	42.994	49.136	55.278
	70	6.770	13.540	20.310	27.080	33.850	40.620	47.390	54.160	60.930
	80	7.398	14.796	22.194	29.592	36.990	44.388	51.786	59.184	66.582
	90	8.027	16.054	24.081	32.108	40.135	48.162	56.189	64.216	72.243

续表

公称直径 (mm)	外径 (mm)	面积 (m^2)								
		长度基数 (m)								
		10	20	30	40	50	60	70	80	90
80	25	4.351	8.702	13.053	17.404	21.755	26.106	30.457	34.808	39.159
	30	4.665	9.330	13.995	18.660	23.325	27.990	32.655	37.320	41.985
	40	5.294	10.588	15.882	21.176	26.470	31.764	37.058	42.352	47.646
	50	5.922	11.844	17.766	23.688	29.610	35.532	41.454	47.376	53.298
	60	6.650	13.300	19.950	26.600	33.250	39.900	46.550	53.200	59.850
	70	7.179	14.358	21.537	28.716	35.895	43.074	50.253	57.432	64.611
	80	7.807	15.614	23.421	31.228	39.035	46.842	54.649	62.456	70.263

续表

公称直径(mm)	外径(mm)	面积(m^2) 长度基数(m)								
		10	20	30	40	50	60	70	80	90
80	90	8.435	16.870	25.305	33.740	42.175	50.610	59.045	67.480	75.915
100	25	5.152	10.304	15.456	20.608	25.760	30.912	36.064	41.216	46.368
	30	5.466	10.932	16.398	21.864	27.330	32.796	38.262	43.728	49.194
	40	6.095	12.190	18.285	24.380	30.475	36.570	42.665	48.760	54.855
	50	6.723	13.446	20.169	26.892	33.615	40.338	47.061	53.784	60.507
	60	7.351	14.702	22.053	29.404	36.755	44.106	51.457	58.808	66.159
	70	7.980	15.960	23.940	31.920	39.900	47.880	55.860	63.840	71.820
	80	8.608	17.216	25.824	34.432	43.040	51.648	60.256	68.864	77.472
	90	9.236	18.472	27.708	36.944	46.180	55.416	64.652	73.888	83.124
	100	9.865	19.730	29.595	39.460	49.325	59.190	69.055	78.920	88.785

续表

公称直径(mm)	外径(mm)	面积(m^2)								
		长度基数(m)								
		10	20	30	40	50	60	70	80	90
125	25	5.969	11.938	17.907	23.876	29.845	35.814	41.783	47.752	53.721
	30	6.283	12.566	18.849	25.132	31.415	37.698	43.981	50.264	56.547
	40	6.912	13.824	20.736	27.648	34.560	41.472	48.384	55.296	62.208
	50	7.540	15.080	22.620	30.160	37.700	45.240	52.780	60.320	67.860
	60	8.168	16.336	24.504	32.672	40.840	49.008	57.176	65.344	73.512
	70	8.796	17.592	26.388	35.184	43.980	52.776	61.572	70.368	79.164
	80	9.425	18.850	28.275	37.700	47.125	56.550	65.975	75.400	84.825
	90	10.053	20.106	30.159	40.212	50.265	60.318	70.371	80.424	90.477
	100	10.681	21.362	32.043	42.724	53.405	64.086	74.767	85.448	96.129

续表

公称直径(mm)	外径(mm)	面积（m^2）								
		长度基数（m）								
		10	20	30	40	50	60	70	80	90
150	25	6.754	13.508	20.262	27.016	33.770	40.524	47.278	54.032	60.786
	30	7.069	14.138	21.207	28.276	35.345	42.414	49.483	56.552	63.621
	40	7.697	15.394	23.091	30.788	38.485	46.182	53.879	61.576	69.273
	50	8.325	16.650	24.975	33.300	41.625	49.950	58.275	66.600	74.925
	60	8.950	17.900	26.850	35.800	44.750	53.700	62.650	71.600	80.550
	70	9.582	19.164	28.746	38.328	47.910	57.492	67.074	76.656	86.238
	80	10.210	20.420	30.630	40.840	51.050	61.260	71.470	81.680	91.890
	90	10.839	21.678	32.517	43.356	54.195	65.034	75.873	86.712	97.551
	100	11.467	22.934	34.401	45.868	57.335	68.802	80.269	91.736	103.203

1.2.4 无缝钢管保护层面积

无缝钢管保护层面积 **表 1-16**

公称直径 (mm)	外径 (mm)	面积 (m^2) 长度基数 (m) 10	20	30	40	50	60	70	80	90
25	20	2.042	4.084	6.126	8.168	10.210	12.252	14.294	16.336	18.378
	25	2.356	4.712	7.068	9.424	11.780	14.136	16.492	18.848	21.204
	30	2.670	5.340	8.010	10.680	13.350	16.020	18.690	21.360	24.030
	40	3.299	6.598	9.897	13.196	16.495	19.794	23.093	26.392	29.691
	50	3.927	7.854	11.781	15.708	19.635	23.562	27.489	31.416	35.343
	60	4.555	9.110	13.665	18.220	22.775	27.330	31.885	36.440	40.995

续表

公称直径(mm)	外径(mm)	面积 (m^2)								
		长度基数 (m)								
		10	20	30	40	50	60	70	80	90
32	20	2.262	4.524	6.786	9.048	11.310	13.572	15.834	18.096	20.358
	25	2.576	5.152	7.728	10.304	12.880	15.456	18.032	20.608	23.184
	30	2.890	5.780	8.670	11.560	14.450	17.340	20.230	23.120	26.010
	40	3.519	7.038	10.557	14.076	17.595	21.114	24.633	28.152	31.671
	50	4.147	8.294	12.441	16.588	20.735	24.882	29.029	33.176	37.323
	60	4.775	9.550	14.325	19.100	23.875	28.650	33.425	38.200	42.975

续表

公称直径(mm)	外径(mm)	面积(m²)								
		长度基数(m)								
		10	20	30	40	50	60	70	80	90
38	20	2.450	4.900	7.350	9.800	12.250	14.700	17.150	19.600	22.050
	25	2.765	5.530	8.295	11.060	13.825	16.590	19.355	22.120	24.885
	30	3.079	6.158	9.237	12.316	15.395	18.474	21.553	24.632	27.711
	40	3.707	7.414	11.121	14.828	18.535	22.242	25.949	29.656	33.363
	50	4.335	8.670	13.005	17.340	21.675	26.010	30.345	34.680	39.015
	60	4.964	9.928	14.892	19.856	24.820	29.784	34.748	39.712	44.676

续表

公称直径（mm）	外径（mm）	面积（m^2）								
		长度基数（m）								
		10	20	30	40	50	60	70	80	90
45	20	2.655	5.310	7.965	10.620	13.275	15.930	18.585	21.240	23.895
	30	3.283	6.566	9.849	13.132	16.415	19.698	22.981	26.264	29.547
	40	3.911	7.822	11.733	15.644	19.555	23.466	27.377	31.288	35.199
	50	4.540	9.080	13.620	18.160	22.700	27.240	31.780	36.320	40.860
	60	5.168	10.336	15.504	20.672	25.840	31.008	36.176	41.344	46.512
	70	5.796	11.592	17.388	23.184	28.980	34.776	40.572	46.368	52.164

续表

公称直径（mm）	外径（mm）	面积（m^2）								
		长度基数（m）								
		10	20	30	40	50	60	70	80	90
76	20	3.644	7.288	10.932	14.576	18.220	21.864	25.508	29.152	32.796
	30	4.273	8.546	12.819	17.092	21.365	25.638	29.911	34.184	38.457
	40	4.901	9.802	14.703	19.604	24.505	29.406	34.307	39.208	44.109
	50	5.529	11.058	16.587	22.116	27.645	33.174	38.703	44.232	49.761
	60	6.158	12.316	18.474	24.632	30.790	36.948	43.106	49.264	55.422
	70	6.786	13.572	20.358	27.144	33.930	40.716	47.502	54.288	61.074

续表

公称直径（mm）	外径（mm）	面积（m^2） 长度基数（m） 10	20	30	40	50	60	70	80	90
89	20	4.053	8.106	12.159	16.212	20.265	24.318	28.371	32.424	36.477
	30	4.681	9.362	14.043	18.724	23.405	28.086	32.767	37.448	42.129
	40	5.039	10.618	15.927	21.236	26.545	31.854	37.163	42.472	47.781
	50	5.938	11.876	17.814	23.752	29.690	35.628	41.566	47.504	53.442
	60	6.566	13.132	19.698	26.264	32.830	39.396	45.962	52.528	59.094
	70	7.194	14.388	21.582	28.776	35.970	43.164	50.358	57.552	64.746

续表

公称直径 (mm)	外径 (mm)	面积 (m²)								
		长度基数 (m)								
		10	20	30	40	50	60	70	80	90
108	20	5.278	10.556	15.834	21.112	26.390	31.668	36.946	42.224	47.502
	30	5.906	11.812	17.718	23.624	29.530	35.436	41.342	47.248	53.154
	40	6.535	13.070	19.605	26.140	32.675	39.210	45.745	52.280	58.815
	50	7.163	14.326	21.489	28.652	35.815	42.978	50.141	57.304	64.467
	70	7.791	15.582	23.373	31.164	38.955	46.746	54.537	62.328	70.119
133	30	6.063	12.126	18.189	24.252	30.315	36.378	42.441	48.504	54.567
	40	6.692	13.384	20.076	26.768	33.460	40.152	46.844	53.536	60.228
	50	7.603	15.206	22.809	30.412	38.015	45.618	53.221	60.824	68.427
	60	7.948	15.896	23.844	31.792	39.740	47.688	55.636	63.584	71.532
	70	8.577	17.154	25.731	34.308	42.885	51.462	60.039	68.616	77.193
	80	9.205	18.410	27.615	36.820	46.025	55.230	64.435	73.640	82.845

续表

公称直径（mm）	外径（mm）	面积（m^2）								
		长度基数（m）								
		10	20	30	40	50	60	70	80	90
159	30	6.881	13.762	20.643	27.524	34.405	41.286	48.167	55.048	61.929
	40	7.508	15.016	22.524	30.032	37.540	45.048	52.556	60.064	65.572
	50	8.137	16.274	24.411	32.548	40.685	48.822	56.959	65.096	73.233
	60	8.765	17.530	26.295	35.060	43.825	52.590	61.355	70.120	78.885
	70	9.393	18.786	28.179	37.572	46.965	56.358	65.751	75.144	84.537
	80	10.022	20.044	30.066	40.088	50.110	60.132	70.154	80.176	90.198
219	60	10.650	21.300	31.950	42.600	53.250	63.900	74.550	85.200	95.850
	70	11.278	22.556	33.834	45.112	56.390	67.668	78.946	90.224	101.502
	80	11.907	23.814	35.721	47.628	59.535	71.442	83.349	95.256	107.163
	90	12.535	25.070	37.605	50.140	62.675	75.210	87.745	100.280	112.815

续表

公称直径(mm)	外径(mm)	面积(m²) 长度基数(m) 10	20	30	40	50	60	70	80	90
273	60	12.347	24.694	37.041	49.388	61.735	74.082	86.429	98.776	111.123
	70	12.975	25.950	38.925	51.900	64.875	77.850	90.825	103.800	116.775
	80	13.603	27.206	40.809	54.412	68.015	81.618	95.221	108.824	122.427
	90	14.231	28.462	42.693	56.924	71.155	85.386	99.617	113.848	128.079
325	60	13.980	27.960	41.940	55.920	69.900	83.880	97.860	111.840	125.820
	70	14.608	29.216	43.824	58.432	73.040	87.648	102.256	116.864	131.472
	80	15.250	30.500	45.750	61.000	76.250	91.500	106.750	122.000	137.250
	90	15.865	31.730	47.595	63.460	79.325	95.190	111.055	126.920	142.785

续表

公称直径(mm)	外径(mm)	面积 (m^2)								
		长度基数 (m)								
		10	20	30	40	50	60	70	80	90
377	60	15.614	31.228	46.842	62.456	78.070	93.684	109.298	124.912	140.526
	70	16.242	32.484	48.726	64.968	81.210	97.452	113.694	129.936	146.178
	80	16.870	33.740	50.610	67.480	84.350	101.220	118.090	134.960	151.830
	90	17.987	35.974	53.961	71.948	89.935	107.922	125.909	143.896	161.883
	100	18.127	36.254	54.381	72.508	90.635	108.762	126.889	145.016	163.143
	120	19.384	38.768	58.152	77.536	96.920	116.304	135.688	155.072	174.456

续表

公称直径(mm)	外径(mm)	面积(m^2)								
		长度基数(m)								
		10	20	30	40	50	60	70	80	90
426	100	19.666	39.332	58.998	78.664	98.330	117.996	137.662	157.328	176.994
	120	20.923	41.846	62.769	83.692	104.615	125.538	146.461	167.384	188.307
	140	22.180	44.360	66.540	88.720	110.900	133.080	155.260	177.440	199.620
529	100	22.902	45.804	68.706	91.608	114.510	137.412	160.314	183.216	206.118
	120	24.159	48.318	72.477	96.636	120.795	144.954	169.113	193.272	217.431
	140	25.416	50.832	76.248	101.664	127.080	152.496	177.912	203.328	228.744

1.2.5 焊接钢管保温体积

焊接钢管保温体积 表 1-17

公称直径 (mm)	外径 (mm)	体积 (m^3) 长度基数 (m) 10	20	30	40	50	60	70	80	90
20	25	0.041	0.082	0.123	0.164	0.205	0.246	0.287	0.328	0.369
	30	0.054	0.108	0.162	0.216	0.270	0.324	0.378	0.432	0.486
	40	0.085	0.170	0.255	0.340	0.425	0.510	0.595	0.680	0.765
	50	0.121	0.242	0.363	0.484	0.605	0.726	0.847	0.968	1.089
25	25	0.047	0.094	0.141	0.188	0.235	0.282	0.329	0.376	0.423
	30	0.061	0.122	0.183	0.244	0.305	0.366	0.427	0.488	0.549
	40	0.093	0.186	0.279	0.372	0.465	0.558	0.651	0.744	0.837
	50	0.132	0.264	0.396	0.528	0.660	0.792	0.924	1.056	1.188
	60	0.177	0.354	0.531	0.708	0.885	1.062	1.239	1.416	1.539

续表

公称直径(mm)	外径(mm)	体积(m^3) 长度基数(m) 10	20	30	40	50	60	70	80	90
32	25	0.053	0.106	0.159	0.212	0.265	0.318	0.371	0.424	0.477
	30	0.069	0.138	0.207	0.276	0.345	0.414	0.483	0.552	0.621
	40	0.104	0.208	0.312	0.416	0.520	0.624	0.728	0.832	0.936
	50	0.146	0.292	0.438	0.584	0.730	0.876	1.022	1.168	1.314
	70	0.192	0.384	0.576	0.768	0.960	1.152	1.344	1.536	1.728
	80	0.246	0.492	0.738	0.984	1.230	1.476	1.722	1.968	2.214
40	25	0.058	0.116	0.174	0.232	0.290	0.348	0.406	0.464	0.522
	30	0.074	0.148	0.222	0.296	0.370	0.444	0.518	0.592	0.666
	40	0.112	0.224	0.336	0.448	0.560	0.672	0.784	0.896	1.008
	50	0.155	0.310	0.465	0.620	0.775	0.930	1.085	1.240	1.395

续表

公称直径(mm)	外径(mm)	体积(m³) 长度基数(m) 10	20	30	40	50	60	70	80	90
40	60	0.204	0.408	0.612	0.816	1.020	1.224	1.428	1.632	1.836
	70	0.259	0.518	0.777	1.036	1.295	1.554	1.813	2.072	2.331
	80	0.322	0.644	0.966	1.288	1.610	1.932	2.254	2.576	2.898
50	25	0.067	0.134	0.201	0.268	0.335	0.402	0.469	0.536	0.603
	30	0.086	0.172	0.258	0.344	0.430	0.516	0.602	0.688	0.774
	40	0.126	0.252	0.378	0.504	0.630	0.756	0.882	1.008	1.134
	50	0.174	0.348	0.522	0.696	0.870	1.044	1.218	1.392	1.566
	60	0.226	0.452	0.678	0.904	1.130	1.356	1.582	1.808	2.034
	70	0.286	0.572	0.858	1.144	1.430	1.716	2.002	2.288	2.574
	80	0.352	0.704	1.056	1.408	1.760	2.112	2.464	2.816	3.168
	90	0.424	0.848	1.272	1.696	2.120	2.544	2.968	3.392	3.816

续表

公称直径（mm）	外径（mm）	体积（m³）长度基数（m）								
		10	20	30	40	50	60	70	80	90
70	25	0.079	0.158	0.237	0.316	0.395	0.474	0.553	0.632	0.711
	30	0.099	0.198	0.297	0.396	0.495	0.594	0.693	0.792	0.891
	40	0.145	0.290	0.435	0.580	0.725	0.870	1.015	1.160	1.305
	50	0.197	0.394	0.591	0.788	0.985	1.182	1.379	1.576	1.773
	60	0.255	0.510	0.765	1.020	1.275	1.530	1.785	2.040	2.295
	70	0.320	0.640	0.960	1.280	1.600	1.920	2.240	2.560	2.880
	80	0.391	0.782	1.173	1.564	1.955	2.346	2.737	3.128	3.519
	90	0.468	0.936	1.404	1.872	2.340	2.808	3.276	3.744	4.212

续表

公称直径（mm）	外径（mm）	体积（m^3）								
		长度基数（m）								
		10	20	30	40	50	60	70	80	90
80	25	0.089	0.178	0.267	0.356	0.445	0.534	0.623	0.712	0.801
	30	0.112	0.224	0.336	0.448	0.560	0.672	0.784	0.896	1.008
	40	0.162	0.324	0.486	0.648	0.810	0.972	1.134	1.296	1.458
	50	0.218	0.436	0.654	0.872	1.090	1.308	1.526	1.744	1.962
	60	0.280	0.560	0.840	1.120	1.400	1.680	1.960	2.240	2.520
	70	0.349	0.698	1.047	1.396	1.745	2.094	2.443	2.792	3.141
	80	0.424	0.848	1.272	1.696	2.120	2.544	2.968	3.392	3.816
	90	0.505	1.010	1.515	2.020	2.525	3.030	3.535	4.040	4.545

续表

公称直径(mm)	外径(mm)	体积(m³) 长度基数(m) 10	20	30	40	50	60	70	80	90
100	25	0.109	0.218	0.327	0.436	0.545	0.654	0.763	0.872	0.981
	30	0.138	0.276	0.414	0.552	0.690	0.828	0.966	1.104	1.242
	40	0.194	0.388	0.582	0.776	0.970	1.164	1.358	1.552	1.746
	50	0.258	0.516	0.774	1.032	1.290	1.548	1.806	2.064	2.322
	60	0.328	0.656	0.984	1.312	1.640	1.968	2.296	2.624	2.952
	70	0.405	0.810	1.215	1.620	2.025	2.430	2.835	3.240	3.645
	80	0.488	0.976	1.464	1.952	2.440	2.928	3.416	3.904	4.392
	90	0.577	1.154	1.731	2.308	2.885	3.462	4.039	4.616	5.193
	100	0.672	1.344	2.016	2.688	3.360	4.032	4.704	5.376	6.048

续表

公称直径(mm)	外径(mm)	体积(m³) 长度基数(m) 10	20	30	40	50	60	70	80	90
125	25	0.130	0.260	0.390	0.520	0.650	0.780	0.910	1.040	1.170
	30	0.160	0.320	0.480	0.640	0.800	0.960	1.120	1.280	1.440
	40	0.226	0.452	0.678	0.904	1.130	1.356	1.582	1.808	2.034
	50	0.299	0.598	0.897	1.196	1.495	1.794	2.093	2.392	2.691
	60	0.377	0.754	1.131	1.508	1.885	2.262	2.639	3.016	3.393
	70	0.462	0.924	1.386	1.848	2.310	2.772	3.234	3.696	4.158
	80	0.553	1.106	1.659	2.212	2.765	3.318	3.871	4.424	4.977
	90	0.650	1.300	1.950	2.600	3.250	3.900	4.550	5.200	5.850
	100	0.754	1.508	2.262	3.016	3.770	4.524	5.278	6.032	6.786

续表

公称直径(mm)	外径(mm)	体积(m³)								
		长度基数(m)								
		10	20	30	40	50	60	70	80	90
150	25	0.149	0.298	0.447	0.596	0.745	0.894	1.043	1.192	1.341
	30	0.184	0.368	0.552	0.736	0.920	1.104	1.288	1.472	1.656
	40	0.285	0.516	0.774	1.032	1.290	1.548	1.806	2.064	2.322
	50	0.338	0.676	1.014	1.352	1.690	2.028	2.366	2.704	3.042
	60	0.424	0.848	1.272	1.696	2.120	2.544	2.968	3.392	3.816
	70	0.517	1.034	1.551	2.068	2.585	3.102	3.619	4.136	4.653
	80	0.616	1.232	1.848	2.464	3.080	3.696	4.312	4.928	5.544
	90	0.721	1.442	2.163	2.884	3.605	4.326	5.047	5.768	6.489
	100	0.833	1.666	2.499	3.332	4.165	4.998	5.831	6.664	7.497

1.2.6 无缝钢管保温体积

无缝钢管保温体积 **表 1-18**

公称直径(mm)	外径(mm)	体积(m³) 长度基数(m)								
		10	20	30	40	50	60	70	80	90
25	20	0.028	0.056	0.084	0.112	0.140	0.168	0.196	0.224	0.252
	25	0.039	0.078	0.117	0.156	0.195	0.234	0.273	0.312	0.351
	30	0.052	0.104	0.156	0.208	0.260	0.312	0.364	0.416	0.468
	40	0.082	0.164	0.246	0.328	0.410	0.492	0.574	0.656	0.738
	50	0.118	0.236	0.354	0.472	0.590	0.708	0.826	0.944	1.062
	60	0.160	0.320	0.480	0.640	0.800	0.960	1.120	1.280	1.440
32	20	0.033	0.066	0.099	0.132	0.165	0.198	0.231	0.264	0.297
	25	0.045	0.090	0.135	0.180	0.225	0.270	0.315	0.360	0.405
	30	0.058	0.116	0.174	0.232	0.290	0.348	0.406	0.464	0.522

续表

公称直径(mm)	外径(mm)	体积(m³) 长度基数(m) 10	20	30	40	50	60	70	80	90
32	40	0.091	0.182	0.273	0.364	0.455	0.546	0.637	0.728	0.819
	50	0.129	0.258	0.387	0.516	0.645	0.774	0.903	1.032	1.161
	60	0.174	0.348	0.522	0.696	0.870	1.044	1.218	1.392	1.566
38	20	0.037	0.074	0.111	0.148	0.185	0.222	0.259	0.296	0.333
	25	0.050	0.100	0.150	0.200	0.250	0.300	0.350	0.400	0.450
	30	0.064	0.128	0.192	0.256	0.320	0.384	0.448	0.512	0.576
	40	0.098	0.196	0.294	0.392	0.490	0.588	0.686	0.784	0.882
	50	0.138	0.276	0.414	0.552	0.690	0.828	0.966	1.104	1.242
	60	0.185	0.370	0.555	0.740	0.925	1.110	1.295	1.480	1.665

续表

公称直径(mm)	外径(mm)	体积 (m^3)								
		长度基数 (m)								
		10	20	30	40	50	60	70	80	90
45	20	0.041	0.082	0.123	0.164	0.205	0.246	0.287	0.328	0.369
	30	0.070	0.140	0.210	0.280	0.350	0.420	0.490	0.560	0.630
	40	0.106	0.212	0.318	0.424	0.530	0.636	0.742	0.848	0.954
	50	0.149	0.298	0.447	0.596	0.745	0.894	1.043	1.192	1.341
	60	0.197	0.394	0.591	0.788	0.985	1.182	1.379	1.576	1.773
	70	0.252	0.504	0.756	1.008	1.260	1.512	1.764	2.016	2.268
57	20	0.048	0.096	0.144	0.192	0.240	0.288	0.336	0.384	0.432
	30	0.082	0.164	0.246	0.328	0.410	0.492	0.574	0.656	0.738
	40	0.124	0.248	0.372	0.496	0.620	0.744	0.868	0.992	1.116

续表

公称直径 (mm)	外径 (mm)	体积 (m^3) 长度基数 (m)								
		10	20	30	40	50	60	70	80	90
57	50	0.169	0.338	0.507	0.676	0.845	1.014	1.183	1.352	1.521
	60	0.221	0.442	0.663	0.884	1.105	1.326	1.547	1.768	1.989
	70	0.297	0.558	0.837	1.116	1.395	1.674	1.953	2.232	2.511
76	20	0.060	0.120	0.180	0.240	0.300	0.360	0.420	0.480	0.540
	30	0.100	0.200	0.300	0.400	0.500	0.600	0.700	0.800	0.900
	40	0.146	0.292	0.438	0.584	0.730	0.876	1.022	1.168	1.314
	50	0.198	0.396	0.594	0.792	0.990	1.188	1.386	1.584	1.782
	60	0.253	0.506	0.759	1.012	1.265	1.518	1.771	2.024	2.277
	70	0.321	0.642	0.963	1.284	1.605	1.926	2.247	2.568	2.889

续表

公称直径(mm)	外径(mm)	体积 (m^3) 长度基数 (m) 10	20	30	40	50	60	70	80	90
89	20	0.069	0.138	0.207	0.276	0.345	0.414	0.483	0.552	0.621
	30	0.113	0.226	0.339	0.452	0.565	0.678	0.791	0.904	1.017
	40	0.163	0.326	0.489	0.652	0.815	0.978	1.141	1.304	1.467
	50	0.218	0.436	0.654	0.872	1.090	1.308	1.526	1.744	1.962
	60	0.281	0.562	0.843	1.124	1.405	1.686	1.967	2.248	2.529
	70	0.350	0.700	1.050	1.400	1.750	2.100	2.450	2.800	3.150
108	20	0.081	0.162	0.243	0.324	0.405	0.486	0.567	0.648	0.729
	30	0.130	0.260	0.390	0.520	0.650	0.780	0.910	1.040	1.170
	40	0.186	0.372	0.558	0.744	0.930	1.116	1.302	1.488	1.674

续表

公称直径(mm)	外径(mm)	体积(m^3) 长度基数(m) 10	20	30	40	50	60	70	80	90
108	50	0.249	0.498	0.747	0.996	1.245	1.494	1.743	1.992	2.241
	60	0.317	0.634	0.951	1.268	1.585	1.902	2.219	2.536	2.853
	70	0.331	0.662	0.993	1.324	1.655	1.986	2.317	2.648	2.979
133	30	0.154	0.308	0.462	0.616	0.770	0.924	1.078	1.232	1.386
	40	0.218	0.436	0.654	0.872	1.090	1.308	1.526	1.744	1.962
	50	0.287	0.574	0.861	1.148	1.435	1.722	2.009	2.296	2.583
	60	0.364	0.728	1.092	1.456	1.820	2.184	2.548	2.912	3.276
	70	0.446	0.892	1.338	1.784	2.230	2.676	3.122	3.568	4.014
	80	0.535	1.070	1.605	2.140	2.675	3.210	3.745	4.280	4.815

续表

公称直径(mm)	外径(mm)	体积(m³) 长度基数(m)								
		10	20	30	40	50	60	70	80	90
159	30	0.179	0.358	0.537	0.716	0.895	1.074	1.253	1.432	1.611
	40	0.251	0.502	0.753	1.004	1.255	1.506	1.757	2.008	2.259
	50	0.329	0.658	0.987	1.316	1.645	1.974	2.303	2.632	2.961
	60	0.413	0.826	1.239	1.652	2.065	2.478	2.891	3.304	3.717
	70	0.504	1.008	1.512	2.016	2.520	3.024	3.528	4.032	4.536
	80	0.604	1.208	1.812	2.416	3.020	3.624	4.228	4.832	5.436
219	60	0.527	1.054	1.581	2.108	2.635	3.162	3.689	4.216	4.743
	70	0.636	1.272	1.908	2.544	3.180	3.816	4.452	5.088	5.724
	80	0.752	1.504	2.256	3.008	3.760	4.512	5.264	6.016	6.768
	90	0.874	1.748	2.622	3.496	4.370	5.244	6.118	6.992	7.866

续表

公称直径 (mm)	外径 (mm)	体积 (m^3)								
		长度基数 (m)								
		10	20	30	40	50	60	70	80	90
273	60	0.628	1.256	1.884	2.512	3.140	3.768	4.396	5.024	5.652
	70	0.754	1.508	2.262	3.016	3.770	4.524	5.278	6.032	6.786
	80	0.887	1.774	2.661	3.548	4.435	5.322	6.209	7.096	7.983
	90	1.026	2.052	3.078	4.104	5.130	6.156	7.182	8.208	9.234
325	60	0.727	1.454	2.181	2.908	3.635	4.362	5.089	5.816	6.543
	70	0.869	1.738	2.607	3.476	4.345	5.214	6.083	6.952	7.821
	80	1.018	2.036	3.054	4.072	5.090	6.108	7.126	8.144	9.162
	90	1.147	2.294	3.441	4.588	5.735	6.882	8.029	9.176	10.323
377	60	0.824	1.648	2.472	3.296	4.120	4.944	5.768	6.592	7.416
	70	0.983	1.966	2.949	3.932	4.915	5.898	6.881	7.864	8.847
	80	1.149	2.298	3.447	4.596	5.745	6.894	8.043	9.192	10.341

续表

公称直径(mm)	外径(mm)	体积 (m^3)								
		长度基数 (m)								
		10	20	30	40	50	60	70	80	90
377	90	1.320	2.640	3.960	5.280	6.600	7.920	9.240	10.560	11.880
	100	1.499	2.998	4.497	5.996	7.495	8.994	10.493	11.992	13.491
	110	1.874	3.748	5.622	7.496	9.370	11.244	13.118	14.992	16.866
426	100	1.652	3.304	4.956	6.608	8.260	9.912	11.564	13.216	14.868
	120	2.057	4.114	6.171	8.228	10.285	12.342	14.399	16.456	18.513
	140	2.432	4.864	7.296	9.728	12.160	14.592	17.024	19.456	21.888
529	100	1.815	3.630	5.445	7.260	9.075	10.890	12.705	14.520	16.335
	120	2.253	4.506	6.759	9.012	11.265	13.518	15.771	18.024	20.277
	140	2.655	5.310	7.965	10.620	13.275	15.930	18.585	21.240	23.895

第2章　建筑给水排水工程预算常用资料

2.1　建筑给水排水工程常用文字符号及图例

2.1.1　文字符号

管道文字符号　　表2-1

序　号	名　称	文字符号及图例
1	生活给水管	——J——
2	热水给水管	——RJ——
3	热水回水管	——RH——
4	中水给水管	——ZJ——
5	循环冷却给水管	——XJ——
6	循环冷却回水管	——XH——
7	热媒给水管	——RM——
8	热媒回水管	——RMH——

续表

序　号	名　称	文字符号及图例
9	蒸汽管	——Z——
10	凝结水管	——N——
11	废水管	——F——
12	压力废水管	——YF——
13	通气管	——T——
14	污水管	——W——
15	压力污水管	——YW——
16	雨水管	——Y——
17	压力雨水管	——YY——
18	虹吸雨水管	——HY——
19	膨胀管	——PZ——
20	保温管	
21	防护套管	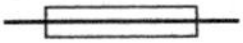
22	多孔管	
23	地沟管	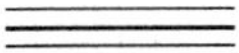
24	空调凝结水管	——KN——

续表

序　号	名　称	文字符号及图例
25	管道立管	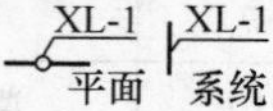
26	伴热管	
27	排水明沟	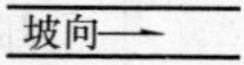
28	排水暗沟	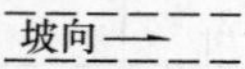

注：分区管道用加注角标方式表示：如：J_1、J_2、J_3……

2.1.2 图例

2.1.2.1 管道附件图例

管道附件图例　　表 2-2

序　号	名　称	图　　例
1	管道伸缩器	
2	方形伸缩器	
3	刚性防水套管	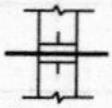

续表

序　号	名　称	图　　例
4	柔性防水套管	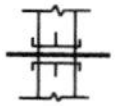
5	波纹管	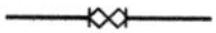
6	可曲挠橡胶接头	 单球　双球
7	管道固定支架	
8	立管检查口	
9	通气帽	 成品　蘑菇形
10	清扫口	 平面　系统
11	排水漏斗	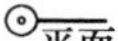平面　系统
12	雨水斗	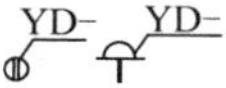 平面　系统
13	方形地漏	

续表

序号	名称	图例
14	圆形地漏	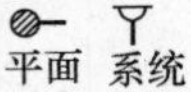
15	挡墩	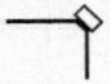
16	自动冲洗水箱	
17	Y形除污器	
18	减压孔板	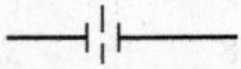
19	倒流防止器	
20	毛发聚集器	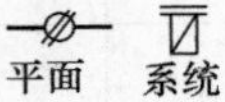
21	吸气阀	
22	真空破坏器	
23	防虫网罩	
24	金属软管	

2.1.2.2 管道连接图例

管道连接图例 **表 2-3**

序　号	名　称	图　　例
1	法兰连接	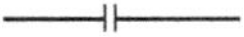
2	承插连接	
3	活接头	
4	管堵	
5	法兰堵盖	
6	弯折管	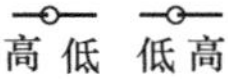
7	盲板	
8	管道丁字上接	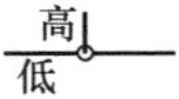
9	管道丁字下接	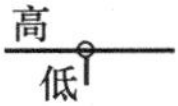
10	管道交叉	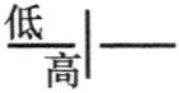

2.1.2.3 管件图例

管件图例 表 2-4

序号	名称	图例
1	偏心异径管	
2	同心异径管	
3	乙字管	
4	喇叭口	
5	转动接头	
6	S形存水弯	
7	P形存水弯	
8	90°弯头	
9	正三通	
10	TY 三通	
11	斜三通	
12	正四通	
13	斜四通	
14	浴盆排水管	

2.1.2.4 阀门图例

阀 门 图 例　　　　**表 2-5**

序 号	名 称	图 例
1	闸阀	
2	角阀	
3	三通阀	
4	四通阀	
5	截止阀	 
6	蝶阀	
7	电动闸阀	
8	液动闸阀	
9	电动蝶阀	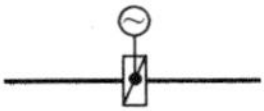
10	气动闸阀	
11	液动蝶阀	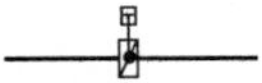
12	气动蝶阀	

续表

序号	名称	图例
13	减压阀	
14	旋塞阀	 平面  系统
15	底阀	 平面  系统
16	球阀	
17	隔膜阀	
18	气开隔膜阀	
19	气闭隔膜阀	
20	温度调节阀	
21	电动隔膜阀	
22	电磁阀	

续表

序号	名称	图例
23	压力调节阀	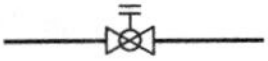
24	持压阀	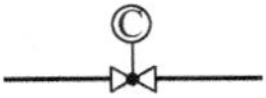
25	止回阀	
26	消声止回阀	
27	泄压阀	
28	弹簧安全阀	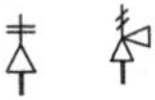
29	平衡锤安全阀	
30	自动排气阀	平面   系统
31	浮球阀	 平面 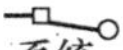 系统
32	延时自闭冲洗阀	

续表

序号	名称	图例
33	水力液位控制阀	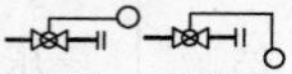 平面 系统
34	感应式冲洗阀	
35	吸水喇叭口	 平面 系统
36	疏水器	

2.1.2.5 给水排水配件图例

给水排水配件图例　　表 2-6

序号	名称	图例
1	水嘴	 平面 系统
2	皮带水嘴	 平面 系统
3	洒水（栓）水嘴	
4	化验水嘴	
5	肘式水嘴	

续表

序　号	名　称	图　　例
6	脚踏开关水嘴	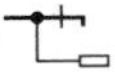
7	混合水嘴	
8	旋转水嘴	
9	浴盆带喷头混合水嘴	
10	蹲便器脚踏开关	

2.1.2.6　卫生设备及水池图例

卫生设备及水池图例　　表 2-7

序　号	名　称	图　　例
1	立式洗脸盆	
2	台式洗脸盆	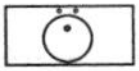
3	挂式洗脸盆	
4	浴盆	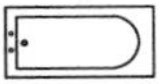
5	化验盆、洗涤盆	

续表

序　号	名　称	图　　例
6	带沥水板洗涤盆	
7	厨房洗涤盆	
8	污水池	
9	盥洗槽	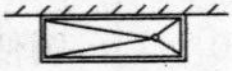
10	立式小便器	
11	妇女净身盆	
12	蹲式大便器	
13	壁挂式小便器	
14	小便槽	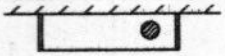
15	坐式大便器	
16	淋浴喷头	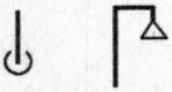

2.1.2.7 小型给水排水构筑物图例

小型给水排水构筑物图例　表 2-8

序　号	名　称	图　　例
1	矩形化粪池	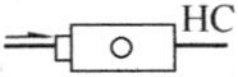
2	隔油池	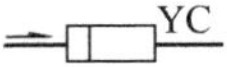
3	沉淀池	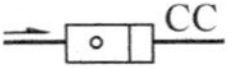
4	降温池	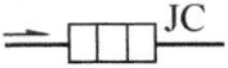
5	中和池	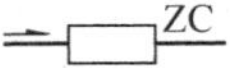
6	雨水口（单箅）	
7	雨水口（双箅）	
8	阀门井及检查井	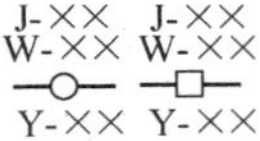
9	水封井	
10	跌水井	
11	水表井	

2.1.2.8 给水排水设备图例

给水排水设备图例　　表 2-9

序号	名称	图例
1	卧式水泵	 或 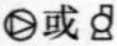 平面　系统
2	立式水泵	  平面　系统
3	潜水泵	
4	定量泵	
5	管道泵	
6	卧式容积热交换器	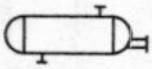
7	立式容积热交换器	
8	快速管式热交换器	
9	板式热交换器	
10	开水器	

续表

序　号	名　称	图　　　例
11	喷射器	
12	除垢器	
13	水锤消除器	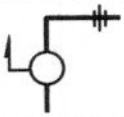
14	搅拌器	
15	紫外线消毒器	

2.1.2.9　给水排水仪表图例

给水排水仪表图例　　　表 2-10

序　号	名　称	图　　　例
1	温度计	
2	压力表	
3	自动记录压力表	
4	压力控制器	

续表

序号	名称	图例
5	水表	
6	自动记录流量表	
7	转子流量计	  平面 系统
8	真空表	
9	温度传感器	---[T]---
10	压力传感器	---[P]---
11	pH 传感器	---[pH]---
12	酸传感器	---[H]---
13	碱传感器	---[Na]---
14	余氯传感器	---[Cl]---

2.2 常用阀门

2.2.1 阀门代号表示含义

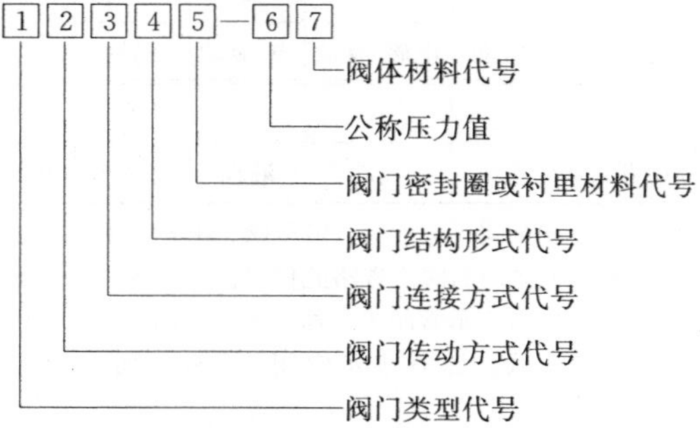

2.2.1.1 阀门的类型代号

阀门的类型代号　　　　表 2-11

代号	Z	J	L	Q	D	G
类型	闸阀	截止阀	节流阀	球阀	蝶阀	隔膜阀
代号	X	H		A	Y	S
类型	旋塞阀	止回阀底阀		安全阀	减压阀	疏水阀

注：低于－40℃的低温阀，在类型代号前加 D；带加热套的保温阀在类型代号前加 B；带波纹管的阀门在类型代号前加 W。

2.2.1.2 阀门的传动方式代号

阀门的传动方式代号　　　表 2-12

代号	0	1	2	3	4
带动方式	电磁动	电磁-液动	电-液动	涡轮	正齿轮
代号	5	6	7	8	9
带动方式	伞齿轮	气动	液动	气-液动	电动

注：对于安全阀、疏水阀、减压阀、手轮、手柄、扳手驱动或自动的阀门省略此代号。6 后加 k 表示常开式、加 B 表示常闭式，加 S 表示手动。7 后加 K 表示常开式，加 B 表示常闭式。9 后加 B 表示防爆式。

2.2.1.3 阀门连接形式代号

阀门连接方式　　　表 2-13

连接方式	内螺纹	外螺纹	法兰	法兰	法兰	焊接
代号	1	2	3	4	5	6，7，8

注：法兰连接代号 3 可仅用于双弹簧安全阀；法兰连接代号 4 用于单弹簧安全阀门及其他类别阀门；法兰连接代号 5 仅用于杠杆式安全阀。

2.2.1.4 阀门结构形式代号

阀门的结构形式代号 **表 2-14**

<table>
<tr><th>代号
名称</th><th>0</th><th>1</th><th>2</th><th>3</th><th>4</th><th>5</th><th>6</th><th>7</th><th>8</th><th>9</th></tr>
<tr><td rowspan="4">闸阀</td><td rowspan="2">弹性闸板</td><td>单</td><td>双</td><td>单</td><td>双</td><td>单</td><td>双</td><td rowspan="4" colspan="3"></td></tr>
<tr><td colspan="6">刚性闸板</td></tr>
<tr><td colspan="3">楔 式</td><td colspan="2">平行式</td><td colspan="2" rowspan="2">楔式暗杆</td></tr>
<tr><td colspan="5">明 杆</td></tr>
<tr><td rowspan="2">截止阀</td><td rowspan="2"></td><td rowspan="2">直通式</td><td rowspan="4" colspan="2"></td><td rowspan="2">角式</td><td rowspan="2">直流式</td><td>直通式</td><td>角式</td><td rowspan="2" colspan="2"></td></tr>
<tr><td colspan="2">平 衡</td></tr>
<tr><td rowspan="3">球阀</td><td rowspan="3"></td><td rowspan="2">直通式</td><td>L形</td><td>T形</td><td rowspan="2" colspan="2"></td><td rowspan="2">直流式</td><td rowspan="3"></td></tr>
<tr><td colspan="2">三通式</td></tr>
<tr><td colspan="7">浮 动</td><td>固定</td></tr>
</table>

续表

<table>
<tr><th>名称＼代号</th><th>0</th><th>1</th><th>2</th><th>3</th><th>4</th><th>5</th><th>6</th><th>7</th><th>8</th><th>9</th></tr>
<tr><td>蝶阀</td><td>杠杆式</td><td>垂直板式</td><td></td><td>斜板式</td><td></td><td></td><td></td><td></td><td></td><td></td></tr>
<tr><td>隔膜式</td><td colspan="2">屋脊式</td><td></td><td>截止式</td><td></td><td></td><td></td><td></td><td>闸板式</td><td></td></tr>
<tr><td rowspan="2">旋塞</td><td rowspan="2"></td><td rowspan="2"></td><td rowspan="2"></td><td>直通式</td><td>T形三通</td><td>四通式</td><td></td><td rowspan="2"></td><td>直通式</td><td>T形三通式</td></tr>
<tr><td colspan="4">填料</td><td colspan="2">油封</td></tr>
<tr><td>止回阀</td><td rowspan="2"></td><td>直通式</td><td>立式</td><td rowspan="2"></td><td>单瓣式</td><td>多瓣式</td><td>双瓣式</td><td rowspan="2"></td><td rowspan="2"></td><td rowspan="2"></td></tr>
<tr><td>底阀</td><td colspan="2">升降</td><td colspan="3">旋启</td></tr>
</table>

续表

<table>
<tr><th>代号
名称</th><th>0</th><th>1</th><th>2</th><th>3</th><th>4</th><th>5</th><th>6</th><th>7</th><th>8</th><th>9</th></tr>
<tr><td rowspan="5">安全阀</td><td rowspan="5">全启式带散热片</td><td colspan="2" rowspan="3"></td><td rowspan="3">双弹簧微启式</td><td rowspan="3">全启式</td><td>微启式</td><td>全启式</td><td rowspan="2">微启式</td><td rowspan="2">微启式</td><td rowspan="5">脉冲式</td></tr>
<tr><td colspan="2">带控制机构</td></tr>
<tr><td colspan="3">带扳手</td><td></td></tr>
<tr><td colspan="4">封闭</td><td colspan="2">不封闭</td><td>封闭</td><td>不封闭</td></tr>
<tr><td colspan="8">弹　簧</td></tr>
</table>

2.2.1.5 阀门密封圈或衬里材料代号

阀门密封圈或衬里材料代号 **表 2-15**

代号	T	X	N	F	B	H	D	Y	J	Q	G	P
材料类别	铜合金	橡胶	尼龙	氟塑料	巴氏合金	合金钢	渗氮钢	硬质合金	衬胶	衬铅	搪瓷	渗硼钢

注：密封面系有阀体直接加工的，代号为 W。

2.2.1.6 阀门公称压力值

用一位、二位或三位阿拉伯数字表示。单位：MPa。

2.2.1.7 阀门阀体材料代号

阀门阀体材料代号 **表 2-16**

代号	阀体材料	代号	阀体材料	代号	阀体材料
Z	灰铸铁	T	铸铜	P	1Cr18Ni9Ti 钢
K	可锻铸铁	C	碳钢	R	Cr18Ni12Ti 钢
Q	球墨铸铁	I	Cr5Mo 钢	V	12Cr1NoV 钢

2.2.2 常用阀门的性能

常用阀门的性能 **表 2-17**

序号	阀门名称	阀门图示	阀门性能
1	闸阀	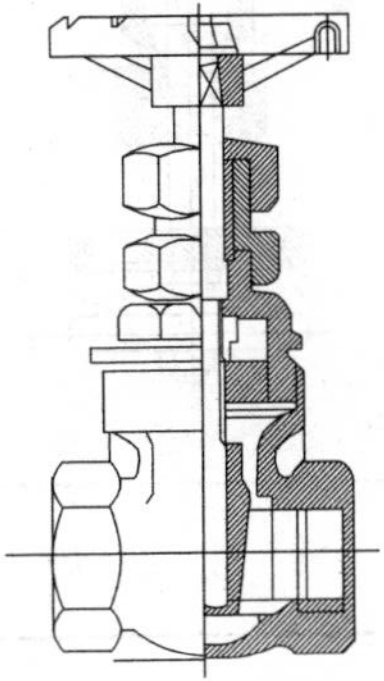	闸板阀的阀体内有一平板与介质流动方向垂直，平板升起时阀即开启。该种阀门由于阀杆的结构形式不同可分为明杆式和暗杆式两类。一般情况下明杆式适用于腐蚀性介质及室内管道上；暗杆式适用于非腐蚀性介质及安装操作位置受限制的地方。 闸阀密封性能较好，流体阻力小，开启、关闭力较小，用途比较广泛。闸阀也具有一定的调节流量的性能，并可从阀杆的升降高低看出阀的开度大小。闸阀一般适用于大口径的管道上

续表

序号	阀门名称	阀门图示	阀门性能
2	截止阀	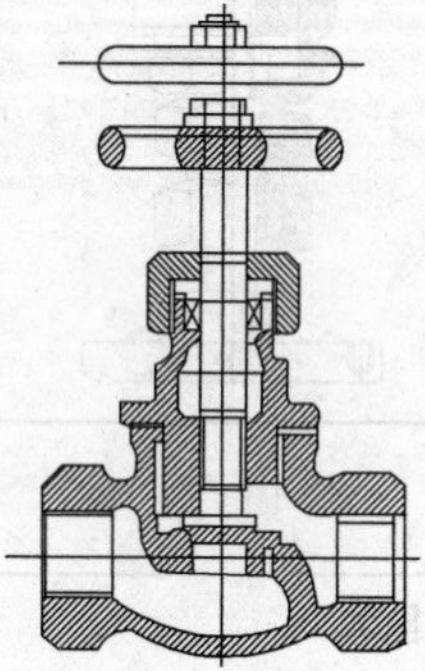	利用装在阀杆下面的阀盘与阀体的突缘部分来控制阀启闭，称为截止阀。是使用最为广泛的一种阀门。与闸阀比较，能够较快地开启和关闭，结构简单，但流体阻力较大。截止阀常用于全齐全开操作的管路，也可以用于调节介质的压力流量，但不宜做疏水阀及真空管道系统的阀门

续表

序号	阀门名称	阀门图示	阀门性能
3	螺纹球阀	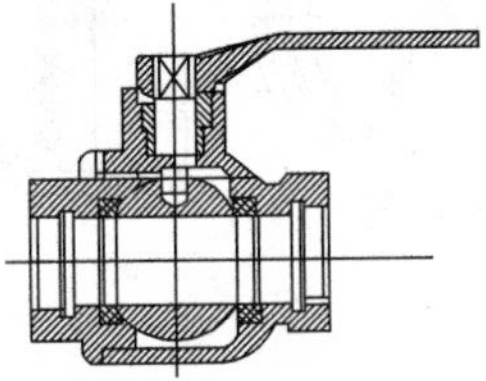	球阀是利用一个中间开孔的球体作阀心，靠旋转球体来控制阀的开启和关闭。它的结构较闸阀、截止阀简单，体积小，流体阻力小，可代替闸阀、截止阀作用

续表

序号	阀门名称	阀门图示	阀门性能
4	蝶阀	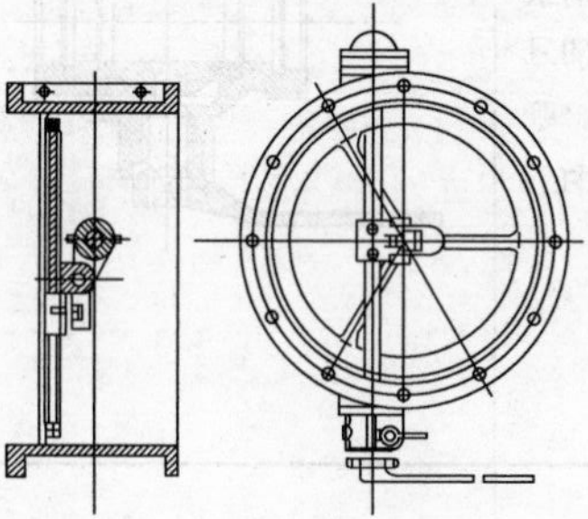	蝶阀的开闭件为一圆盘形、绕阀体内一固定轴旋转的阀门。 该阀结构简单，外形尺寸小，质量轻，适合制造较大直径的阀，由于密封结构及材料尚有问题，所以该种阀门只适用于低压，用于输送水、空气、煤气等介质

续表

序号	阀门名称	阀门图示	阀门性能
5	旋塞阀	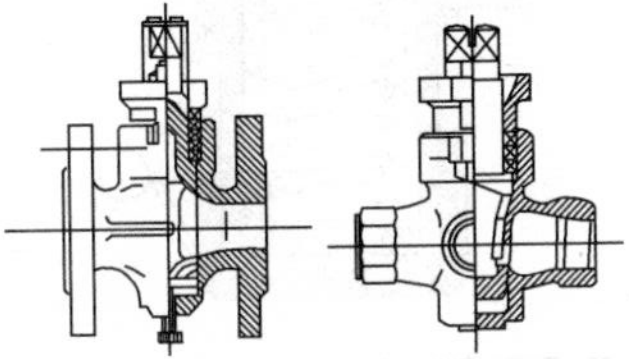	利用阀件内所插的中央穿孔的锥形栓塞以控制启闭的阀件，称为旋塞。由于密封面的形式不同，又分填料旋塞、油密封式旋塞和无填料旋塞。 选用特点：结构简单，外形尺寸小，启闭迅速，操作方便，流体阻力小，便于制作成三通路或四通路阀门，可作分配换向用。但密封面易磨损，开关力较大。该种阀门不适用于输送高温高压介质(如蒸汽)，只适用于一般低温、低压流体，做开闭用，不宜做调节流量用

续表

序号	阀门名称	阀门图示	阀门性能
6	安全阀	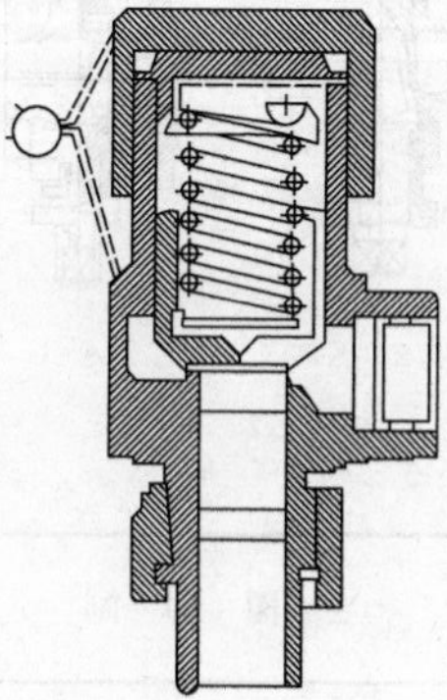	安全阀又称保险阀。用于锅炉、管道和各种压力容器中，控制压力不超过允许数值，防止事故发生。常用安全阀有弹簧式和杠杆式两种，杠杆式安全阀外形尺寸过大，比较笨重，已日益被弹簧式安全阀所取代

2.3 常用卫生设备安装定额中的主要材料

2.3.1 冷水龙头洗涤盆

洗涤盆(单嘴/双嘴)安装定额中的主要材料　　表 2-18

编号	名称	规格(mm)	材料	单位	数量
1	洗涤盆		陶瓷	个	(1.01)
2	水嘴	DN15	铜	个	1/2
3	托架	—40×5	Q235A	副	1.01
4	排水栓	DN50	铝合金	套	1.01
5	存水弯	DN50	塑料	个	1.05
6	镀锌钢管	DN15		m	0.06/0.24
7	焊接钢管	DN50		m	0.4

注：1. 根据《全国统一安装工程预算定额第八册》GYD-208—2000编，下同。
2. 数量加括号表示该材料单价未包括在定额材料费中，下同。
3. 表中斜线下方的数字表示双嘴洗涤盆的材料消耗量。

2.3.2 洗脸盆

普通冷水嘴洗脸盆
定额中的主要材料　　表 2-19

编号	名称	规格(mm)	材料	单位	数量
1	洗脸盆		陶瓷	个	(1.01)
2	水嘴	*DN*15	铜	个	1.01
3	存水弯	*DN*32	塑料	个	1.005
4	洗脸盆下水口	*DN*32	铜	个	1.01
5	镀锌钢管	*DN*15		m	0.1

2.3.3 洗手盆

冷水嘴洗手盆定额中的主要材料　　表 2-20

编号	名称	规格(mm)	材料	单位	数量
1	洗手盆		陶瓷	个	(1.01)
2	水嘴	*DN*15	铜	个	1.01
3	洗手盆存水弯带下水口	*DN*25		套	1.005
4	镀锌钢管	*DN*15		m	0.05
5	镀锌弯头	*DN*15		个	1.01

2.3.4 浴盆

冷热水带喷头搪瓷浴盆安装定额中的主要材料　　表 2-21

编号	名称	规格(mm)	材料	单位	数量
1	浴盆		搪瓷	个	(1)
2	浴盆混合水嘴带喷头			套	(1.01)
3	浴盆排水配件		铜	套	1.01
4	浴盆存水弯	DN50	生铁	个	1.005
5	弯头	DN20	镀锌	个	2.02
6	镀锌钢管	DN20		m	0.3

冷热水塑料浴盆安装定额中的主要材料　　表 2-22

编号	名称	规格(mm)	材料	单位	数量
1	浴盆		塑料	个	(1)
2	浴盆水嘴	DN15		个	(2.02)
3	浴盆排水配件		铜	套	1.01
4	浴盆存水弯	DN50	生铁	个	1.005
5	镀锌钢管	DN20		m	0.3
6	弯头	DN15	镀锌	个	2.02

2.3.5 盥洗槽

盥洗槽安装定额中的主要材料　　表 2-23

编号	名称	规格(mm)	材料	单位	数量
1	三通		锻铁	个	6
2	弯头	*DN*15	锻铁	个	2
3	龙头	*DN*15	铜或锻铁	个	6
4	管接头	*DN*15	锻铁	个	6
5	管接头	*DN*50	锻铁	个	1
6	存水弯	*DN*50	铸铁	个	1
7	排水栓	*DN*50	铜或尼龙	个	1

2.3.6 小便器

普通挂斗式小便器安装
定额中的主要材料　　表 2-24

编号	名称	规格(mm)	材料	单位	数量
1	挂斗式小便器			个	(1.01)
2	小便器存水弯	*DN*32	铸铁	个	1.05
3	小便器角型阀	*DN*15	铜或锻铁	个	1.01
4	镀锌钢管	*DN*15		m	0.15

普通立式小便器定额中的主要材料

表 2-25

编号	名称	规格(mm)	材料	单位	数量
1	立式小便器			个	(1.01)
2	排水栓	DN50		个	1.05
3	角式长柄截止阀	DN15		个	1.01
4	喷水鸭嘴	DN15		个	1.01
5	承插铸铁排水管	DN50		m	0.3
6	镀锌钢管	DN15		m	0.15

2.3.7 坐式大便器

坐式大便器安装定额中的主要材料

表 2-26

项目 材料		低水箱坐便	带水箱坐便	连体水箱坐便	自闭冲洗阀坐便
主材名称	单位				
低水箱坐便	个	(1.01)	—	—	—
带水箱坐便	个	—	(1.01)	—	—
连体水箱坐便	个	—	—	(1.01)	
自闭冲洗阀坐便	个	—	—	—	(1.01)

续表

主材名称（材料＼项目）	单位	低水箱坐便	带水箱坐便	连体水箱坐便	自闭冲洗阀坐便
坐式低水箱	个	(1.01)	—	—	—
坐式带水箱	个	—	(1.01)	—	—
低水箱配件	套	(1.01)	—	—	—
带水箱配件	套	—	(1.01)	—	—
自闭式冲洗坐便配件	套	—	—	—	(1.01)
连体进水阀配件	套	—	—	(1.01)	—
连体排水口配件	套	—	—	(1.01)	—
坐便器桶盖	套	(1.01)	(1.01)	(1.01)	(1.01)
角型阀（带铜活）$DN15$	个	1.01	—	—	—
自闭式冲洗阀 $DN25$	个	—	—	—	—
镀锌钢管 $DN15$	m	0.3	0.3	0.3	—
镀锌钢管 $DN25$	m	—	—	—	0.3
镀锌弯头 $DN15$	个	1.01	—	—	—
镀锌活接头 $DN15$	个	1.01	—	—	—

2.3.8 蹲式大便器

蹲式大便器安装定额中的主要材料 **表 2-27**

项目 材料 主材名称	单位	瓷高水箱蹲便	瓷低水箱蹲便	普通阀冲洗蹲便	手压阀冲洗蹲便	脚踏阀冲洗蹲便	自闭冲洗阀蹲便 *DN*20	自闭冲洗阀蹲便 *DN*25
瓷蹲大便器	个	(1.01)	(1.01)	(1.01)	(1.01)	(1.01)	(1.01)	(1.01)
瓷蹲大便器高水箱	个	(1.01)	—	—	—	—	—	—
瓷蹲大便器高水箱配件	套	(1.01)	—	—	—	—	—	—
瓷蹲大便器低水箱	个	—	(1.01)	—	—	—	—	—
瓷蹲大便器低水箱配件	套	—	(1.01)	—	—	—	—	—

续表

项目 材料 主材名称	单位	瓷高水箱蹲便	瓷低水箱蹲便	普通阀冲洗蹲便	手压阀冲洗蹲便	脚踏阀冲洗蹲便	自闭冲洗阀蹲便 *DN*20	自闭冲洗阀蹲便 *DN*25
螺纹截止阀 J11T-16*DN*25	个	—	—	1.01	—	—	—	—
角型阀(带铜活) *DN*15	个	1.01	1.01	—	—	—	—	—
大便器手压阀 *DN*25	个	—	—	—	(1.01)	—	—	—
大便器脚踏阀	个	—	—	—	—	(1.01)	—	—
自闭式冲洗阀 *DN*20		—	—	—	—	—	1.01	—
自闭式冲洗阀 *DN*25		—	—	—	—	—	—	1.01

续表

项目 材料 主材名称	单位	瓷高水箱蹲便	瓷低水箱蹲便	普通阀冲洗蹲便	手压阀冲洗蹲便	脚踏阀冲洗蹲便	自闭冲洗阀蹲便 *DN*20	自闭冲洗阀蹲便 *DN*25
镀锌钢管 *DN*50	m	—	1.1	—	—	—	—	—
镀锌钢管 *DN*25	m	2.5	—	1.5	1.5	1.0	—	1.0
镀锌钢管 *DN*20	m	—	—	—	—	—	1.0	—
镀锌钢管 *DN*15	m	0.3	—	—	—	0.5	—	—
镀锌弯头 *DN*50	个	—	1.01	—	—	—	—	—
镀锌弯头 *DN*25	个	1.01	—	1.01	1.01	1.01	—	—
镀锌弯头 *DN*15	个	1.01	1.01	—	—	1.01	—	—
镀锌活接头 *DN*25	个	—	—	1.01	1.01	1.01	—	—
镀锌活接头 *DN*15	个	1.01	1.01	—	—	—	—	—
大便器存水弯 *DN*100(瓷)	个	1.005	1.005	1.005	1.005	1.005	1.005	1.005

2.3.9 淋浴器

淋浴器安装定额中的主要材料 **表 2-28**

项目 材料 主材名称	单位	钢管组成冷水淋浴器	钢管组成冷热水淋浴器
莲蓬喷头	个	(1.01)	(1.01)
单管成品淋浴器	套	—	—
双管成品淋浴器	套	—	—
镀锌钢管 *DN*15	m	1.8	2.5
镀锌弯头 *DN*15	个	1.01	3.03
镀锌管箍 *DN*15	个	—	—
镀锌活接头 *DN*15	个	1.01	1.01
镀锌三通 *DN*15	个	—	1.01

2.3.10 地漏

地漏安装定额中主要材料 **表 2-29**

项目 材料 主材名称	单位	地漏 *DN*50	地漏 *DN*80	地漏 *DN*100	地漏 *DN*150
地漏 *DN*50	个	(1.0)	—	—	—
地漏 *DN*80	个	—	(1.0)	—	—
地漏 *DN*100	个	—	—	(1.0)	—
地漏 *DN*150	个	—	—	—	(1.0)
焊接钢管 *DN*50	m	0.1	—	—	—
焊接钢管 *DN*80	m	—	0.1	—	—
焊接钢管 *DN*100	m	—	—	0.1	—
焊接钢管 *DN*150	m	—	—	—	0.1

2.4 建筑给水排水工程清单计价计算规则

2.4.1 给水排水、采暖管道

给水排水、采暖管道(编码：031001) 表 2-30

项目编码	项目名称	项目特征	计量单位	工程量计算规则	工程内容
031001001	镀锌钢管	1. 安装部位 2. 介质 3. 规格、压力等级 4. 连接形式 5. 压力试验及吹、洗设计要求 6. 警示带形式	m	按设计图示管道中心线以长度计算	1. 管道安装 2. 管件制作、安装 3. 压力试验 4. 吹扫、冲洗 5. 警示带铺设
031001002	钢管				
031001003	不锈钢管				
031001004	钢管				

续表

项目编码	项目名称	项目特征	计量单位	工程量计算规则	工程内容
031001005	铸铁管	1. 安装部位 2. 介质 3. 材质、规格 4. 连接形式 5. 接口材料 6. 压力试验及吹、洗设计要求 7. 警示带形式	m	按设计图示管道中心线以长度计算	1. 管道安装 2. 管件安装 3. 压力试验 4. 吹扫、冲洗 5. 警示带铺设
031001006	塑料管	1. 安装部位 2. 介质 3. 材质、规格 4. 连接形式 5. 阻火圈设计要求 6. 压力试验及吹、洗设计要求 7. 警示带形式			1. 管道安装 2. 管件安装 3. 塑料卡固定 4. 阻火圈安装 5. 压力试验 6. 吹扫、冲洗 7. 警示带铺设

续表

项目编码	项目名称	项目特征	计量单位	工程量计算规则	工程内容
031001007	复合管	1. 安装部位 2. 介质 3. 材质、规格 4. 连接形式 5. 压力试验及吹、洗设计要求 6. 警示带形式	m	按设计图示管道中心线以长度计算	1. 管道安装 2. 管件安装 3. 塑料卡固定 4. 压力试验 5. 吹扫、冲洗 6. 警示带铺设
031001008	直埋式预制保温管	1. 埋设深度 2. 介质 3. 管道材质、规格 4. 连接形式 5. 接口保温材料 6. 压力试验及吹、洗设计要求 7. 警示带形式			1. 管道安装 2. 管件安装 3. 接口保温 4. 压力试验 5. 吹扫、冲洗 6. 警示带铺设

续表

项目编码	项目名称	项目特征	计量单位	工程量计算规则	工程内容
031001009	承插陶瓷缸瓦管	1. 埋设深度 2. 规格 3. 接口方式及材料 4. 压力试验及吹、洗设计要求 5. 警示带形式	m	按设计图示管道中心线以长度计算	1. 管道安装 2. 管件安装 3. 压力试验 4. 吹扫、冲洗 5. 警示带铺设
031001010	承插水泥管				
031001011	室外管道碰头	1. 介质 2. 碰头形式 3. 材质、规格 4. 连接形式 5. 防腐、绝热设计要求	处	按设计图示以处计算	1. 挖填工作坑或暖气沟拆除及修复 2. 碰头 3. 接口处防腐 4. 接口处绝热及保护层

注：1. 安装部位，指管道安装在室内、室外。
2. 输送介质包括给水、排水、中水、雨水、热媒体、燃气、空调水等。
3. 方形补偿器制作安装应含在管道安装综合单价中。
4. 铸铁管安装适用于承插铸铁管、球墨铸铁管、柔性抗震铸铁管等。
5. 塑料管安装适用于 UPVC、PVC、PP-C、PP-R、PE、PB 管等塑料管材。
6. 复合管安装适用于钢塑复合管、铝塑复合管、钢骨架复合管等复合型管道安装。
7. 直埋保温管包括直埋保温管件安装及接口保温。
8. 排水管道安装包括立管检查口、透气帽。
9. 室外管道碰头：
1）适用于新建或扩建工程热源、水源、气源管道与原(旧)有管道碰头；
2）室外管道碰头包括挖工作坑、土方回填或暖气沟局部拆除及修复；
3）带介质管道碰头包括开关闸、临时放水管线铺设等费用；
4）热源管道碰头每处包括供、回水两个接口；
5）碰头形式指带介质碰头、不带介质碰头。
10. 管道工程量计算不扣除阀门、管件(包括减压器、疏水器、水表、伸缩器等组成安装)及附属构筑物所占长度；方形补偿器以其所占长度列入管道安装工程量。
11. 压力试验按设计要求描述试验方法，如水压试验、气压试验、泄漏性试验、闭水试验、通球试验、真空试验等。
12. 吹、洗按设计要求描述吹扫、冲洗方法，如水冲洗、消毒冲洗、空气吹扫等。

2.4.2 支架及其他

支架及其他(编码：031002) **表 2-31**

项目编码	项目名称	项目特征	计量单位	工程量计算规则	工程内容
031002001	管道支架	1. 材质 2. 管架形式	1. kg 2. 套	1. 以千克计量，按设计图示质量计算 2. 以套计量，按设计图示数量计算	1. 制作 2. 安装
031002002	设备支架	1. 材质 2. 形式			

续表

项目编码	项目名称	项目特征	计量单位	工程量计算规则	工程内容
031002003	套管	1. 名称、类型 2. 材质 3. 规格 4. 填料材质	个	按设计图示数量计算	1. 制作 2. 安装 3. 除锈、刷油

注：1. 单件支架质量 100kg 以上的管道支吊架执行设备支吊架制作安装。

2. 成品支架安装执行相应管道支架或设备支架项目，不再计取制作费，支架本身价值含在综合单价中。

3. 套管制作安装，适用于穿基础、墙、楼板等部位的防水套管、填料套管、无填料套管及防火套管等，应分别列项。

2.4.3 管道附件

管道附件(编码：031003)　　**表 2-32**

项目编码	项目名称	项目特征	计量单位	工程量计算规则	工程内容
031003001	螺纹阀门	1. 类型 2. 材质 3. 规格、压力等级 4. 连接形式 5. 焊接方法	个	按设计图示数量计算	1. 安装 2. 电气接线 3. 调试
031003002	螺纹法兰阀门				
031003003	焊接法兰阀门				

续表

项目编码	项目名称	项目特征	计量单位	工程量计算规则	工程内容
031003004	带短管甲乙阀门	1. 材质 2. 规格、压力等级 3. 连接形式 4. 接口方式及材质	个	按设计图示数量计算	1. 安装 2. 电气接线 3. 调试
031003005	塑料阀门	1. 规格 2. 连接形式	个	按设计图示数量计算	1. 安装 2. 调试

续表

项目编码	项目名称	项目特征	计量单位	工程量计算规则	工程内容
031003006	减压器	1. 材质 2. 规格、压力等级 3. 连接形式 4. 附件配置	组	按设计图示数量计算	组装
031003007	疏水器				
031003008	除污器（过滤器）	1. 材质 2. 规格、压力等级 3. 连接形式			安装
031003009	补偿器	1. 类型 2. 材质 3. 规格、压力等级 4. 连接形式	个		

续表

项目编码	项目名称	项目特征	计量单位	工程量计算规则	工程内容
0310030010	软接头（软管）	1. 材质 2. 规格 3. 连接形式	个（组）	按设计图示数量计算	安装
031003011	法兰	1. 材质 2. 规格、压力等级 3. 连接形式	副（片）		
031003012	倒流防止器	1. 材质 2. 型号、规格 3. 连接形式	套		

续表

项目编码	项目名称	项目特征	计量单位	工程量计算规则	工程内容
031003013	水表	1. 安装部位（室内外） 2. 型号、规格 3. 连接形式 4. 附件配置	组（个）	按设计图示数量计算	组装
031003014	热量表	1. 类型 2. 型号、规格 3. 连接形式	块		安装
031003015	塑料排水管消声器	1. 规格 2. 连接形式	个		
031003016	浮标液面计		组		

续表

项目编码	项目名称	项目特征	计量单位	工程量计算规则	工程内容
031003017	浮漂水位标尺	1. 用途 2. 规格	套	按设计图示数量计算	安装

注：1. 法兰阀门安装包括法兰连接，不得另计。阀门安装如仅为一侧法兰连接时，应在项目特征中描述。

2. 塑料阀门连接形式需注明热熔连接、粘接、热风焊接等方式。

3. 减压器规格按高压侧管道规格描述。

4. 减压器、疏水器、倒流防止器等项目包括组成与安装工作内容，项目特征应根据设计要求描述附件配置情况，或根据××图集或××施工图做法描述。

2.4.4 卫生器具

卫生器具(编码：031004) **表 2-33**

项目编码	项目名称	项目特征	计量单位	工程量计算规则	工程内容
031004001	浴缸	1. 材质 2. 规格、类型 3. 组装形式 4. 附件名称、数量	组	按设计图示数量计算	1. 器具安装 2. 附件安装
031004002	净身盆				
031004003	洗脸盆				
031004004	洗涤盆				
031004005	化验盆				
031004006	大便器				
031004007	小便器				
031004008	其他成品卫生器具				

续表

项目编码	项目名称	项目特征	计量单位	工程量计算规则	工程内容
031004009	烘手器	1. 材质 2. 型号、规格	个	按设计图示数量计算	安装
031004010	淋浴器	1. 材质、规格 2. 组装形式 3. 附件名称、数量	套		1. 器具安装 2. 附件安装
031004011	淋浴间				
031004012	桑拿浴房				
031004013	大、小便槽自动冲洗水箱	1. 材质、类型 2. 规格 3. 水箱配件 4. 支架形式及做法 5. 器具及支架除锈、刷油设计要求			1. 制作 2. 安装 3. 支架制作、安装 4. 除锈、刷油

续表

项目编码	项目名称	项目特征	计量单位	工程量计算规则	工程内容
031004014	给、排水附(配)件	1. 材质 2. 型号、规格 3. 安装方式	个(组)	按设计图示数量计算	安装
031004015	小便槽冲洗管	1. 材质 2. 规格	m	按设计图示长度计算	1. 制作 2. 安装
031004016	蒸汽-水加热器	1. 类型 2. 型号、规格 3. 安装方式	套	按设计图示数量计算	
031004017	冷热水混合器				
031004018	饮水器				安装

续表

项目编码	项目名称	项目特征	计量单位	工程量计算规则	工程内容
031004019	隔油器	1. 类型 2. 型号、规格 3. 安装部位	套	按设计图示数量计算	安装

注：1. 成品卫生器具项目中的附件安装，主要指给水附件包括水嘴、阀门、喷头等，排水配件包括存水弯、排水栓、下水口等以及配备的连接管。

2. 浴缸支座和浴缸周边的砌砖、瓷砖粘贴，应按现行国家标准《房屋建筑与装饰工程工程量计算规范》GB 50854 相关项目编码列项；功能性浴缸不含电机接线和调试，应按本规范附录 D 电气设备安装工程相关项目编码列项。

3. 洗脸盆适用于洗脸盆、洗发盆、洗手盆安装。

4. 器具安装中若采用混凝土或砖基础，应按现行国家标准《房屋建筑与装饰工程工程量计算规范》GB 50854 相关项目编码列项。

5. 给、排水附(配)件是指独立安装的水嘴、地漏、地面扫出口等。

2.4.5 采暖、给水排水设备

采暖、给水排水设备(编码：031006)　　**表 2-34**

项目编码	项目名称	项目特征	计量单位	工程量计算规则	工程内容
031006001	变频给水设备	1. 设备名称 2. 型号、规格 3. 水泵主要技术参数 4. 附件名称、规格、数量 5. 减震装置形式	套	按设计图示数量计算	1. 设备安装 2. 附件安装 3. 调试 4. 减震装置制作、安装
031006002	稳压给水设备				
031006003	无负压给水设备				
031006004	气压罐	1. 型号、规格 2. 安装方式	台		1. 安装 2. 调试

续表

项目编码	项目名称	项目特征	计量单位	工程量计算规则	工程内容
031006005	太阳能集热装置	1. 型号、规格 2. 安装方式 3. 附件名称、规格、数量	套	按设计图示数量计算	1. 安装 2. 附件安装
031006006	地源(水源、气源)热泵机组	1. 型号、规格 2. 安装方式 3. 减震装置形式	组		1. 安装 2. 减震装置制作、安装
031006007	除砂器	1. 型号、规格 2. 安装方式	台		安装

续表

项目编码	项目名称	项目特征	计量单位	工程量计算规则	工程内容
031006008	水处理器	1. 类型 2. 型号、规格	台	按设计图示数量计算	安装
031006009	超声波灭藻设备				
031006010	水质净化器				
031006011	紫外线杀菌设备	1. 名称 2. 规格			
031006012	热水器、开水炉	1. 能源种类 2. 型号、容积 3. 安装方式			1. 安装 2. 附件安装
031006013	消毒器、消毒锅	1. 类型 2. 型号、规格			安装

续表

项目编码	项目名称	项目特征	计量单位	工程量计算规则	工程内容
031006014	直饮水设备	1. 名称 2. 规格	套	按设计图示数量计算	安装
031006015	水箱	1. 材质、类型 2. 型号、规格	台		1. 制作 2. 安装

注：1. 变频给水设备、稳压给水设备、无负压给水设备安装，说明：

1）压力容器包括气压罐、稳压罐、无负压罐；

2）水泵包括主泵及备用泵，应注明数量；

3）附件包括给水装置中配备的阀门、仪表、软接头，应注明数量，含设备、附件之间管路连接；

4）泵组底座安装，不包括基础砌（浇）筑，应按现行国家标准《房屋建筑与装饰工程工程量计算规范》GB 50854 相关项目编码列项；

5）控制柜安装及电气接线、调试应按规范 GB 50856—2013 附录 D 电气设备安装工程相关项目编码列项。

2. 地源热泵机组，接管以及接管上的阀门、软接头、减震装置和基础另行计算，应按相关项目编码列项。

2.4.6 相关问题说明

相关问题及说明 **表 2-35**

序号	其他说明
1	给水管道室内外界限划分：以建筑物外墙皮 1.5m 为界，入口处设阀门者以阀门为界
2	排水管道室内外界限划分：以出户第一个排水检查井为界
3	采暖热源管道室内外界限划分：应以建筑物外墙皮 1.5m 为界，入口处设阀门者应以阀门为界

2.5 主要材料损耗率表

给水排水工程常用材料损耗率表　表 2-36

序号	名　　称	损耗率(%)
1	室外钢管(丝接)	1.5
2	室内钢管(丝接)	2.0
3	室外钢管(焊接)	2.0
4	室内煤气用钢管(丝接)	2.0
5	室外排水铸铁管	3.0
6	室内排水铸铁管	7.0
7	室内塑料管	2.0
8	净身盆	1.0
9	洗脸盆	1.0
10	洗手盆	1.0
11	洗涤盆	1.0
12	立式洗脸盆铜活	1.0
13	理发用洗脸盆铜活	1.0
14	脸盆架	1.0
15	浴盆排水配件	1.0
16	浴盆水嘴	1.0

续表

序号	名　　称	损耗率（%）
17	普通水嘴	1.0
18	丝扣阀门	1.0
19	化验盆	1.0
20	大便器	1.0
21	瓷高低水箱	1.0
22	存水弯	0.5
23	小便器	1.0
24	小便槽冲洗管	2.0
25	喷水鸭嘴	1.0
26	立式小便器配件	1.0
27	水箱进水嘴	1.0
28	高低水箱配件	1.0
29	钢管接头零件	1.0
30	冲洗管配件	1.0
31	单立管卡子	5.0
32	型钢	5.0
33	木螺钉	4.0
34	带帽螺栓	3.0
35	氧气	17.0

续表

序号	名称	损耗率（%）
36	锯条	5.0
37	铅油	2.5
38	乙炔气	17.0
39	机油	3.0
40	清油	2.0
41	橡胶石棉板	15.0
42	沥青油	2.0
43	石棉绳	4.0
44	橡胶板	15.0
45	青铅	8.0
46	石棉	10.0
47	锁紧螺母	6.0
48	铜丝	1.0
49	焦炭	5.0
50	压盖	6.0
51	烧结普通砖	4.0
52	木柴	5.0
53	砂子	10.0
54	水泥	10.0

续表

序号	名　称	损耗率（%）
55	油麻	5.0
56	胶皮碗	10.0
57	漂白粉	5.0
58	线麻	5.0
59	油灰	4.0

第3章　建筑消防工程预算常用数据

3.1　建筑消防工程常用文字符号及图例

消防工程施工图常用图例符号　表3-1

序号	名　称	图　例
1	消火栓给水管	—XH—
2	自动喷水灭火给水管	—ZP—
3	雨淋灭火给水管	—YL—
4	水幕灭火给水管	—SM—
5	水炮灭火给水管	— SP—
6	室外消火栓	
7	室内消火栓(单口)	 平面　系统

续表

序号	名　　称	图　　例
8	室内消火栓(双口)	 平面　系统
9	水泵接合器	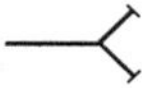
10	自动喷洒头(开式)	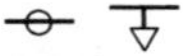 平面　系统
11	自动喷洒头(闭式下喷)	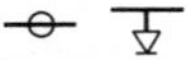 平面　系统
12	自动喷洒头(闭式上喷)	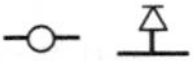 平面　系统
13	自动喷洒头(闭式上下喷)	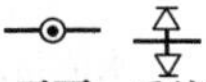 平面　系统
14	侧墙式自动喷洒头	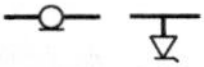 平面　系统
15	水喷雾喷头	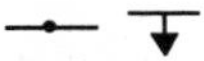 平面　系统

续表

序号	名　称	图　例
16	直立型水幕喷头	 平面　系统
17	下垂型水幕喷头	 平面　系统
18	干式报警阀	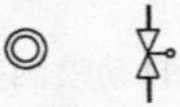 平面　系统
19	湿式报警阀	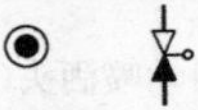 平面　系统
20	预作用报警阀	 平面　系统
21	水流指示器	
22	水力警铃	
23	雨淋阀	 平面　系统

续表

序号	名　　称	图　　例
24	信号闸阀	
25	信号蝶阀	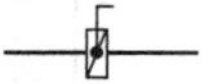
26	消防炮	 平面　系统
27	末端试水装置	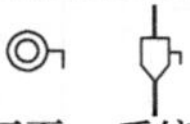 平面　系统
28	手提式灭火器	
29	推车式灭火器	

注：分区管道用加注角标方式表示：如 HX_1、HX_2、ZP_1、ZP_2……。

3.2　建筑消防工程常用设施

3.2.1　室内消火栓

水灭火系统常用设备的规格

(1) SN 系列消火栓的规格见表 3-2。

SN 系列消火栓 **表 3-2**

型号	公称通径 DN(mm)	进水口		基本尺寸(mm)		
		管螺纹	螺纹深度	关闭后高度	出水口高度	阀杆中心中接口外沿距离
25	SN25	R_p1	18	135	48	<82
50	SN50	R_p2	22	185	65	110
	SNZ50			205	65～71	
	SNS50	$R_p2\frac{1}{2}$	25	205	71	120
	SNSS50			230	100	112
65	SN65	$R_p2\frac{1}{2}$	25	205	71～100	112
	SNZ65			225		120
	SNZJ65					126
	SNZW65					
	SNZJ65					
	SNW65					

续表

型号	公称通径 DN(mm)	进水口		基本尺寸(mm)		
		管螺纹	螺纹深度	关闭后高度	出水口高度	阀杆中心中接口外沿距离
65	SNS65	R_p3	25	225		126
	SNSS65			270	110	
80	SN80	R_p3	25	225	80	126

(2)消防水带与接口的形式及规格见表 3-3～表 3-6。

消防水带的规格 **表 3-3**

品　种	有衬里消防水带(GB 6246—2001)无衬里消防水带(GB 4580—1984)						
公称口径(mm)	25	40	50	65	80	90	100
基本尺寸(mm)	25	38	51	63.5	76	89	102
折幅(mm)	42	64	84	103	124	144	164

注：折幅是指水带压扁后的大约宽度。

内扣式消防接口形式及规格 **表 3-4**

接口形式		规格	
名称	代号	公称通径(mm)	公称压力(mm)
水带接口	KD	25、40、50、65、80、100、125、135、150	1.6 2.5
	KDN		
牙管接口	KY		
内螺纹固定接口	KM		
	KN		
	KWS		
	KWA		
异径接口	KJ	两端通径可在通径系列内组合	

注：KD 表示外箍式连接的水带接口。KND 表示内扩张式连接的水带接口。KWS 表示地上消火栓用外螺纹固定接口。KWA 表示地下消火栓用外螺纹固定接口。

卡式消防接口形式及规格 表 3-5

接口形式		规格	
名称	代号	公称通径(mm)	公称压力(mm)
水带接口	KDK	40、50、65、80	1.6 2.5
闷盖	KMK		
牙管雌接口	KYK		
牙管雄接口	KYKA		
异径接口	KJK	两端通径可在通径系列内组合	

螺纹式消防接口形式及规格 表 3-6

接口形式		规格	
名称	代号	公称通径(mm)	公称压力(mm)
吸水管接口	KG	90、100、125、150	1.0 1.6
闷盖	KA		
同型接口	KT		

3.2.2 室外消火栓

室外消火栓规格及外形尺寸　　表 3-7

名称	型号		工作压力(MPa)	进水管		出水管		
	新	旧		连接形式	直径(mm)	连接形式	直径(mm)	个数(个)
地上式消火栓	SS100	SS16	≤1.6	承插式 (承口)	100	内扣式 螺纹式	65 M100	2 1
	SS100-10 SS100-16		1.0 1.6	承插式 (承口) 法兰式	100	螺纹式	M100 M56	1 1
	SS150-10 SS150-15		1.0 1.6	承插式 (承口) 法兰式	150	螺纹式 内扣式	M65 150	2 1

续表

名称	型号		工作压力(MPa)	进水管		出水管		
	新	旧		连接形式	直径(mm)	连接形式	直径(mm)	个数(个)
地下式消火栓	SX100	SX16	≤1.6	承插式 (承口)	M100	螺纹式 内扣式	65 M100	1
	SX100-10		1.0 1.6	承插式 (承口) 法兰式	M100 螺纹式	100	1	
	SX65-10 SX65-16			承插式 (承口) 法兰式		螺纹式	M65	2

续表

名称	使用说明	各部尺寸(mm)			质量(kg/个)
		总高 H	短管高 h	阀杆开放高度	
		(长×宽×高) 400×340×1300		～5	140
地上式消火栓	适用于气温较高地区的城市、居民区室外消防供水	h+1465	250、500、750、1000、1250、1500、1750、2000、2250	～5	～140 (H=250)
		h+1465 (h+1490)			～190 (h=250)

续表

名称	使用说明	各部尺寸(mm)			质量(kg/个)
		总高 H	短管高 h	阀杆开放高度	
地下式消火栓	适用于气温较低地区的城市、工矿企业、居民区已经影响交通的地段室外消防供水	(长×宽×高) 680×460×1100		～50	172
		h+960	250、500、750、1000、1250、1500、1750	—	～172 (H=250)
					～150 (h=250)

注：1. 室外消火栓国标编号为 GB 4452—1996。

2. DN65 的出水口一般配带有 KWS65 连接口。

3. SS100-10、SS150-10、SX100-10、SX65-16 消火栓系按《室外消火栓通用技术条件》GB 4452—1996 标准要求设计。

3.2.3 消防水泵接合器

消防水泵接合器规格及性能表 **表 3-8**

型　号	形　式	公称直径(mm)	进水口		耐压(MPa)			质(重)量(kg)
			接口	直径(mm)	强度试验压力	封闭试验压力	工作压力	
SQ10	地下式	100	KWS65	65×65				
SQX100	地下式	100	KWX65	65×65				
SQB100	墙壁式	100	KWS65	65×65				175
SQX150	地下式	100	KWS80	80×80	2.4	1.6	1.6	155
SQX150	地下式	100	KWX80	80×80				195
SQB150	墙壁式	100	KWS80	80×80				

3.3 建筑消防工程清单计价计算规则

3.3.1 水灭火系统

水灭火系统（编码：030901） **表 3-9**

项目编号	项目名称	项目特征	计量单位	工程量计算规则	工程内容
030901001	水喷淋钢管	1. 安装部位 2. 材质、规格 3. 连接形式 4. 钢管镀锌设计要求 5. 压力试验及冲洗设计要求 6. 管道标识设计要求	m	按设计图示管道中心线以长度计算	1. 管道及管件安装 2. 钢管镀锌 3. 压力试验 4. 冲洗 5. 管道标识
030901002	消火栓钢管				

续表

项目编号	项目名称	项目特征	计量单位	工程量计算规则	工程内容
030901003	水喷淋(雾)喷头	1. 安装部位 2. 材质、型号、规格 3. 连接形式 4. 装饰盘设计要求	个	按设计图示数量计算	1. 安装 2. 装饰盘安装 3. 严密性试验
030901004	报警装置	1. 名称 2. 型号、规格	组		1. 安装 2. 电气接线 3. 调试
030901005	温感式水幕装置	1. 型号、规格 2. 连接形式			

续表

项目编号	项目名称	项目特征	计量单位	工程量计算规则	工程内容
030901006	水流指示器	1. 规格、型号 2. 连接形式	个	按设计图示数量计算	1. 安装 2. 电气接线 3. 调试
030901007	减压孔板	1. 材质、规格 2. 连接形式			
030901008	末端试水装置	1. 规格 2. 组装形式	组		
030901009	集热板制作安装	1. 材质 2. 支架形式	个		1. 制作、安装 2. 支架制作、安装

续表

项目编号	项目名称	项目特征	计量单位	工程量计算规则	工程内容
030901010	室内消火栓	1. 安装方式 2. 型号、规格 3. 附件材质、规格	套	按设计图示数量计算	1. 箱体及消火栓安装 2. 配件安装
030901011	室外消火栓				1. 安装 2. 配件安装
030901012	消防水泵接合器	1. 安装部位 2. 型号、规格 3. 附件材质、规格	套		1. 安装 2. 附件安装

续表

项目编号	项目名称	项目特征	计量单位	工程量计算规则	工程内容
030901013	灭火器	1. 形式 2. 规格、型号	具（组）	按设计图示数量计算	设置
030901014	消防水炮	1. 水炮类型 2. 压力等级 3. 保护半径	台		1. 本体安装 2. 调试

注：1. 水灭火管道工程量计算，不扣除阀门、管件及各种组件所占长度以延长米计算。

2. 水喷淋(雾)喷头安装部位应区分有吊顶、无吊顶。

3. 报警装置适用于湿式报警装置、干湿两用报警装置、电动雨淋报警装置、预作用报警装置等报警装置安装。报警装置安装包括装配管(除水力警铃进水管)的安装，水力警铃进水管并入消防管道工程量。其中：

1）湿式报警装置包括内容：湿式阀、蝶阀、装配管、供水压力表、装置压力表、试验阀、泄放试验阀、泄放试验管、试验管流量计、过滤器、延时器、水力警铃、报警截止阀、漏斗、压力开关等。

2）干湿两用报警装置包括内容：两用阀、蝶阀、装配管、加速器、加速器压力表、供水压力表、试验阀、泄放试验阀(湿式、干式)、挠性接头、泄放试验管、试验管流量计、排气阀、截止阀、漏斗、过滤器、延时器、水力警铃、压力开关等。

3）电动雨淋报警装置包括内容：雨淋阀、蝶阀、装配管、压力表、泄放试验阀、流量表、截止阀、注水阀、止回阀、电磁阀、排水阀、手动应急球阀、报警试验阀、漏斗、压力开关、过滤器、水力警铃等。

4）预作用报警装置包括内容：报警阀、控制蝶阀、压力表、流量表、截止阀、排放阀、注水阀、止回阀、泄放阀、报警试验阀、液压切断阀、装配管、供水检验管、气压开关、试压电磁阀、空压机、应急手动试压器、漏斗、过滤器、水力警铃等。

4. 温感式水幕装置，包括给水三通至喷头、阀门间的管道、管件、阀门、喷头等全部内容的安装。

5. 末端试水装置，包括压力表、控制阀等附件安装。末端试水装置安装中不含连接管及排水管安装，其中工程量并入消防管道。

6. 室内消火栓，包括消火栓箱、消火栓、水枪、水龙头、水龙带接扣、自救卷盘、挂架、消防按钮；落地消火栓箱包括箱内手提灭火器。

7. 室外消火栓，安装方式分地上式、地下式；地上式消火栓安装包括地上式消火栓、法兰接管、弯管底座；地下式消火栓安装包括地下式消火栓、法兰接管、弯管底座或消火栓三通。

8. 消防水泵接合器，包括法兰接管及弯头安装，接合器井内阀门、弯管底座、标牌等附件安装。

9. 减压孔板若在法兰盘内安装，其法兰计入组价中。

10. 消防水炮：分普通手动水炮、智能控制水炮。

3.3.2 气体灭火系统

气体灭火系统(编码：030902) **表 3-10**

项目编号	项目名称	项目特征	计量单位	工程量计算规则	工程内容
030902001	无缝钢管	1. 介质 2. 材质、压力等级 3. 规格 4. 焊接方法 5. 钢管镀锌设计要求 6. 压力试验及吹扫设计要求 7. 管道标识设计要求	m	按设计图示管道中心线以长度计算	1. 管道安装 2. 管件安装 3. 钢管镀锌 4. 压力试验 5. 吹扫 6. 管道标识

续表

项目编号	项目名称	项目特征	计量单位	工程量计算规则	工程内容
030902002	不锈钢管	1. 材质、压力等级 2. 规格 3. 焊接方法 4. 充氩保护方式、部位 5. 压力试验及吹扫设计要求 6. 管道标识设计要求	m	按设计图示管道中心线以长度计算	1. 管道安装 2. 焊口充氩保护 3. 压力试验 4. 吹扫 5. 管道标识
030902003	不锈钢管管件	1. 材质、压力等级 2. 规格 3. 焊接方法 4. 充氩保护方式、部位	个	按设计图示数量计算	1. 管件安装 2. 管件焊口充氩保护

续表

项目编号	项目名称	项目特征	计量单位	工程量计算规则	工程内容
030902004	气体驱动装置管道	1. 材质、压力等级 2. 规格 3. 焊接方法 4. 压力试验及吹扫设计要求 5. 管道标识设计要求	m	按设计图示管道中心线以长度计算	1. 管道安装 2. 压力试验 3. 吹扫 4. 管道标识
030902005	选择阀	1. 材质 2. 型号、规格 3. 连接形式	个	按设计图示数量计算	1. 安装 2. 压力试验

续表

项目编号	项目名称	项目特征	计量单位	工程量计算规则	工程内容
030902006	气体喷头	1. 材质 2. 型号、规格 3. 连接形式	个	按设计图示数量计算	喷头安装
030902007	贮存装置	1. 介质、类型 2. 型号、规格 3. 气体增压设计要求	套	按设计图示数量计算	1. 贮存装置安装 2. 系统组件安装 3. 气体增压
030902008	称重检漏装置	1. 型号 2. 规格			1. 安装 2. 调试

续表

项目编号	项目名称	项目特征	计量单位	工程量计算规则	工程内容
030903009	无管网气体灭火装置	1. 类型 2. 型号、规格 3. 安装部位 4. 调试要求	套	按设计图示数量计算	1. 安装 2. 调试

注：1. 气体灭火管道工程量计算，不扣除阀门、管件及各种组件所占长度以延长米计算。

2. 气体灭火介质，包括七氟丙烷灭火系统、IG541 灭火系统、二氧化碳灭火系统等。

3. 气体驱动装置管道安装，包括卡、套连接件。

4. 贮存装置安装，包括灭火剂存储器、驱动气瓶、支框架、集流阀、容器阀、单向阀、高压软管和安全阀等贮存装置和阀驱动装置、减压装置、压力指示仪等。

5. 无管网气体灭火系统由柜式预制灭火装置、火灾探测器、火灾自动报警灭火控制器等组成，具有自动控制和手动控制两种启动方式。无管网气体灭火装置安装，包括气瓶柜装置(内设气瓶、电磁阀、喷头)和自动报警控制装置(包括控制器，烟、温感、声光报警器，手动报警器，手/自动控制按钮)等。

3.3.3 泡沫灭火系统

泡沫灭火系统（编码：030903） **表 3-11**

项目编号	项目名称	项目特征	计量单位	工程量计算规则	工程内容
030903001	碳钢管	1. 材质、压力等级 2. 规格 3. 焊接方法 4. 无缝钢管镀锌设计要求 5. 压力试验、吹扫设计要求 6. 管道标识设计要求	m	按设计图示管道中心线以长度计算	1. 管道安装 2. 管件安装 3. 无缝钢管镀锌 4. 压力试验 5. 吹扫 6. 管道标识

续表

项目编号	项目名称	项目特征	计量单位	工程量计算规则	工程内容
030903002	不锈钢管	1. 材质、压力等级 2. 规格 3. 焊接方法 4. 充氩保护方式、部位 5. 压力试验、吹扫设计要求 6. 管道标识设计要求	m	按设计图示管道中心线以长度计算	1. 管道安装 2. 焊口充氩保护 3. 压力试验 4. 吹扫 5. 管道标识

续表

项目编号	项目名称	项目特征	计量单位	工程量计算规则	工程内容
030903003	铜管	1. 材质、压力等级 2. 规格 3. 焊接方法 4. 压力试验、吹扫设计要求 5. 管道标识设计要求	m	按设计图示管道中心线以长度计算	1. 管道安装 2. 压力试验 3. 吹扫 4. 管道标识

续表

项目编号	项目名称	项目特征	计量单位	工程量计算规则	工程内容
030903004	不锈钢管管件	1. 材质、压力等级 2. 规格 3. 焊接方法 4. 充氩保护方式、部位	个	按设计图示数量计算	1. 管件安装 2. 管件焊口充氩保护
030903005	铜管管件	1. 材质、压力等级 2. 规格 3. 焊接方法			管件安装

续表

项目编号	项目名称	项目特征	计量单位	工程量计算规则	工程内容
030903006	泡沫发生器	1. 类型 2. 型号、规格 3. 二次灌浆材料	台	按设计图示数量计算	1. 安装 2. 调试 3. 二次灌浆
030903007	泡沫比例混合器				
030903008	泡沫液贮罐	1. 质量/容量 2. 型号、规格 3. 二次灌浆材料			

注：1. 泡沫灭火管道工程量计算，不扣除阀门、管件及各种组件所占长度以延长米计算。
2. 泡沫发生器、泡沫比例混合器安装，包括整体安装、焊法兰、单体调试及配合管道试压时隔离本体所消耗的工料。
3. 泡沫液贮罐内如需充装泡沫液，应明确描述泡沫灭火剂品种、规格。

3.3.4 火灾自动报警系统

火灾自动报警系统(编码：030904) **表 3-12**

项目编号	项目名称	项目特征	计量单位	工程量计算规则	工程内容
030904001	点型探测器	1. 名称 2. 规格 3. 线制 4. 类型	个	按设计图示数量计算	1. 底座安装 2. 探头安装 3. 校接线 4. 编码 5. 探测器调试
030904002	线型探测器	1. 名称 2. 规格 3. 安装方式	m	按设计图示长度计算	1. 探测器安装 2. 接口模块安装 3. 报警终端安装 4. 校接线

续表

项目编号	项目名称	项目特征	计量单位	工程量计算规则	工程内容
030904003	按钮	1. 名称 2. 规格	个	按设计图示数量计算	1. 安装 2. 校接线 3. 编码 4. 调试
030904004	消防警铃				
030904005	声光报警器				
030904006	消防报警电话插孔（电话）	1. 名称 2. 规格 3. 安装方式	个（部）		
030904007	消防广播（扬声器）	1. 名称 2. 功率 3. 安装方式	个		

续表

项目编号	项目名称	项目特征	计量单位	工程量计算规则	工程内容
030904008	模块（模块箱）	1. 名称 2. 规格 3. 类型 4. 输出形式	个（台）	按设计图示数量计算	1. 安装 2. 校接线 3. 编码 4. 调试
030904009	区域报警控制箱	1. 多线制 2. 总线制 3. 安装方式 4. 控制点数量 5. 显示器类型	台		1. 本体安装 2. 校接线、摇测绝缘电阻 3. 排线、绑扎、导线标识 4. 显示器安装 5. 调试
030904010	联动控制箱				
030904011	远程控制箱（柜）	1. 规格 2. 控制回路			

续表

项目编号	项目名称	项目特征	计量单位	工程量计算规则	工程内容
030904012	火灾报警系统控制主机	1. 规格、线制 2. 控制回路 3. 安装方式	台	按设计图示数量计算	1. 安装 2. 校接线 3. 调试
030904013	联动控制主机				
030904014	消防广播及对讲电话主机(柜)				
030904015	火灾报警控制微机(CRT)	1. 规格 2. 安装方式			1. 安装 2. 调试

续表

项目编号	项目名称	项目特征	计量单位	工程量计算规则	工程内容
030904016	备用电源及电池主机（柜）	1. 名称 2. 容量 3. 安装方式	套	按设计图示数量计算	1. 安装 2. 调试
030904017	报警联动一体机	1. 规格、线制 2. 控制回路 3. 安装方式	台		1. 安装 2. 校接线 3. 调试

注：1. 消防报警系统配管、配线、接线盒均应按本规范附录 D 电气设备安装工程相关项目编码列项。

2. 消防广播及对讲电话主机包括功效、录音机、分配器、控制柜等设备。

3. 点型探测器包括火焰、烟感、温感、红外光束、可燃气体探测器等。

3.3.5 消防系统调试

消防系统调试(编码：030905) **表 3-13**

项目编号	项目名称	项目特征	计量单位	工程量计算规则	工程内容
030905001	自动报警系统调试	1. 点数 2. 线制	系统	按系统计算	系统调试
030905002	水灭火控制装置调试	系统形式	点	按控制装置的点数计算	调试
030905003	防火控制装置调试	1. 名称 2. 类型	个(部)	按设计图示数量计算	

续表

项目编号	项目名称	项目特征	计量单位	工程量计算规则	工程内容
030905004	气体灭火系统装置调试	1. 试验容器规格 2. 气体试喷	点	按调试、检验和验收所消耗的试验容器总数计算	1. 模拟喷气试验 2. 备用灭火器贮存器切换操作试验 3. 气体试喷

注：1. 自动报警系统，包括各种探测器、报警器、报警按钮、报警控制器、消防广播、消防电话等组成的报警系统；按不同点数以系统计算。

2. 水灭火控制装置，自动喷洒系统按水流指示器数量以点(支路)计算；消火栓系统按消火栓启泵按钮数量以点计算；消防水炮系统按水炮数量以点计算。

3. 防火控制装置，包括电动防火门、防火卷帘门、正压送风阀、排烟阀、防火控制阀、消防电梯等防火控制装置；电动防火门、防火卷帘门、正压送风阀、排烟阀、防火控制阀等调试以个计算，消防电梯以部计算。

4. 气体灭火系统调试，是由七氟丙烷、IG541、二氧化碳等组成的灭火系统；按气体灭火系统装置的瓶头阀以点计算。

3.3.6 相关问题说明

相关问题说明 **表 3-14**

序号	相关问题说明
1	管道界限的划分： (1)喷淋系统水灭火管道：室内外界限应以建筑物外墙皮 1.5m 为界，入口处设阀门者应以阀门为界；设在高层建筑物内的消防泵间管道应以泵间外墙皮为界。 (2)消火栓管道：给水管道室内外界限划分应以外墙皮 1.5m 为界，入口处设阀门者应以阀门为界。 (3)与市政给水管道的界限：以与市政给水管道碰头点(井)为界。
2	消防管道如需进行探伤，应按《通用安装工程工程量计算规范》GB 50856—2013 附录 H 工业管道工程相关项目编码列项。

续表

序号	相关问题说明
3	消防管道上的阀门、管道及设备支架、套管制作安装，应按《通用安装工程工程量计算规范》GB 50856—2013 附录 K 给排水、采暖、燃气工程相关项目编码列项。
4	本章管道及设备除锈、刷油、保温除注明者外，均应按《通用安装工程工程量计算规范》GB 50856—2013 附录 M 刷油、防腐蚀、绝热工程相关项目编码列项。
5	消防工程措施项目，应按《通用安装工程工程量计算规范》GB 50856—2013 附录 N 措施项目相关项目编码列项。

3.4 主要材料损耗率

消防工程主要材料损耗率 **表 3-15**

序号	材料名称	损耗率(%)	序号	材料名称	损耗率(%)
1	线型探测器	32	7	型钢	6
2	镀锌钢管	2	8	无缝钢管	2
3	喷头	1	9	钢制管件	1
4	平焊法兰	10	10	纯铜管	3
5	球阀	1	11	镀锌钢管管件	1
6	阀门	1			

第4章　建筑通风空调工程预算常用数据

4.1　建筑通风空调工程常用文字符号及图例

4.1.1　水、汽管道

水、汽管道代号　　表4-1

序号	代号	管道名称	备　注
1	LG	空调冷水供水管	
2	LH	空调冷水回水管	
3	KRG	空调热水供水管	
4	KRH	空调热水回水管	
5	LRG	空调冷、热水供水管	
6	LRH	空调冷、热水回水管	

续表

序号	代号	管道名称	备　注
7	LQG	冷却水供水管	
8	LQH	冷却水回水管	
9	n	空调冷凝水管	
10	PZ	膨胀水管	
11	BS	补水管	
12	X	循环管	
13	LM	冷媒管	
14	YG	乙二醇供水管	
15	YH	乙二醇回水管	
16	BG	冰水供水管	
17	BH	冰水回水管	
18	ZG	过热蒸汽管	
19	ZB	饱和蒸汽管	可附加1、2、3等表示一个代号、不同参数的多种管道
20	Z2	二次蒸汽管	

续表

序号	代号	管道名称	备　注
21	N	凝结水管	
22	J	给水管	
23	SR	软化水管	
24	CY	除氧水管	
25	GG	锅炉进水管	
26	JY	加药管	
27	YS	盐溶液管	
28	XI	连续排污管	
29	XD	定期排污管	
30	XS	泄水管	
31	YS	溢水（油）管	
32	R_1G	一次热水供水管	
33	R_1H	一次热水回水管	
34	F	放空管	
35	FAQ	安全阀放空管	
36	O1	柴油供油管	

续表

序号	代号	管道名称	备　　注
37	O2	柴油回油管	
38	OZ1	重油供油管	
39	OZ2	重油回油管	
40	OP	排油管	

水、汽管道阀门和附件　　表 4-2

序号	名　　称	图　　例	备　　注
1	截止阀		
2	闸　阀		
3	球　阀		
4	柱塞阀		
5	快开阀		
6	蝶　阀		

续表

序号	名　称	图　例	备　注
7	旋塞阀	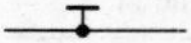	
8	止回阀		
9	浮球阀		
10	三通阀		
11	平衡阀		
12	定流量阀	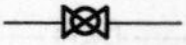	
13	定压差阀		
14	自动排气阀		
15	节流阀		
16	调节止回关断阀		水泵出口用

续表

序号	名　　称	图　　例	备　　注
17	膨胀阀		
18	排入大气或室外		
19	安全阀	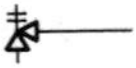	
20	角　阀	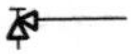	
21	底　阀		
22	漏　斗		
23	地　漏		
24	明沟排水		
25	向上弯头		
26	向下弯头		

续表

序号	名称	图例	备注
27	法兰封头或管封		
28	上出三通		
29	下出三通		
30	变径管		
31	活接头或法兰连接		

4.1.2 风道

风道、风口和附件代号　　表 4-3

序号	代号	管道名称	备注
1	SF	送风管	
2	HF	回风管	一、二次回风可附加 1、2 区别
3	PF	排风管	
4	XF	新风管	

续表

序号	代号	管道名称	备　　注
5	PY	消防排烟风管	
6	ZY	加压送风管	
7	P(Y)	排风、排烟兼用风管	
8	XB	消防补风风管	
9	S(B)	送风兼消防补风风管	
10	AV	单层格栅风口，叶片垂直	
11	AH	单层格栅风口，叶片水平	
12	BV	双层格栅风口，前组叶片垂直	
13	BH	双层格栅风口，前组叶片水平	
14	C*	矩形散流器，*为风面数量	
15	DF	圆形平面散流器	

续表

序号	代号	管道名称	备　注
16	DS	圆形凸面散流器	
17	DP	圆盘形散流器	
18	DX*	圆形斜片散流器，*为风面数量	
19	DH	圆环形散流器	
20	E*	条缝型风口，*为条缝数	
21	F*	细叶形斜出风散流器，*为出风面数量	
22	FH	门铰形细叶回风口	
23	G	扁叶形直出风散流器	
24	H	百叶回风口	
25	HH	门铰形百叶回风口	
26	J	喷口	
27	SD	旋流风口	
28	K	蛋格形风口	

续表

序号	代号	管道名称	备　　注
29	KH	门铰形蛋格式回风口	
30	L	花板回风口	
31	CB	自垂百叶	
32	N	防结露送风口	
33	T	低温送风口	
34	W	防雨百叶	
35	B	带风口风箱	
36	D	带风阀	
37	F	带过滤网	

风道、阀门及附件图例　　表 4-4

序号	名　　称	图　　例	备　　注
1	矩形风管	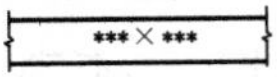	宽×高（mm）
2	圆形风管	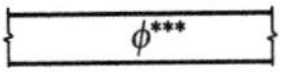	ϕ直径（mm）
3	风管向上	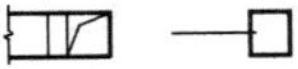	

续表

序号	名　　称	图　　例	备　　注
4	风管向下	 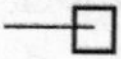	
5	风管上升摇手弯	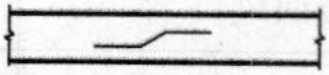	
6	风管下降摇手弯	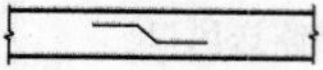	
7	天圆地方	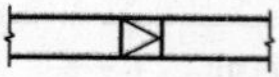	左接矩形风管，右接圆形风管
8	软风管	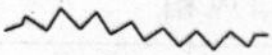	
9	圆弧形弯头		
10	带导流片的矩形弯头		
11	消声器	 	
12	消声弯头	 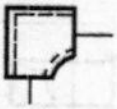	

续表

序号	名　　称	图　　例	备　　注
13	消声静压箱		
14	风管软接头	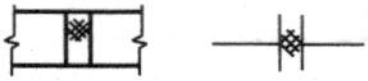	
15	对开多叶调节风阀	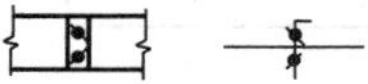	
16	蝶阀	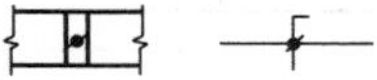	
17	插板阀	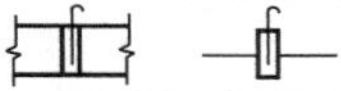	
18	止回风阀	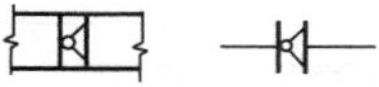	
19	余压阀	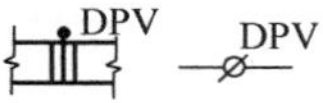	
20	三通调节阀	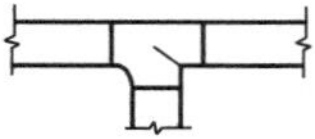	
21	防烟、防火阀	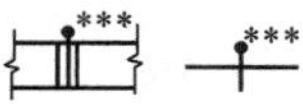	***表示防烟、防火阀名称代号

续表

序号	名称	图例	备注
22	方形风口		
23	条缝形风口	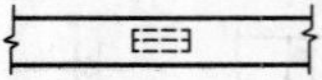	
24	矩形风口		
25	圆形风口	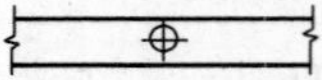	
26	侧面风口		
27	防雨百叶		
28	检修门		
29	气流方向		左为通用表示法，中表示送风，右表示回风
30	远程手控盒		防排烟用
31	防雨罩		

4.1.3 空调设备

空 调 设 备　　　表 4-5

序号	名　　称	图　　例	备　　注
1	轴流风机	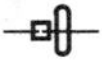	
2	轴（混）流式管道风机	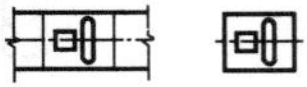	
3	离心式管道风机	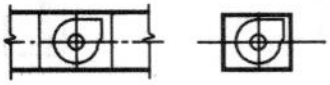	
4	吊顶式排气扇		
5	水泵		
6	手摇泵	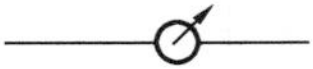	
7	变风量末端	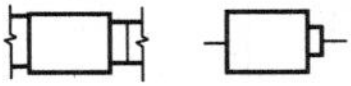	
8	空调机组加热、冷却盘管		从左到右分别为加热、冷却及双功能盘管

续表

序号	名　　称	图　　例	备　　注
9	空气过滤器		从左至右分别为粗效、中效及高效
10	挡水板		
11	加湿器		
12	电加热器		
13	板式换热器	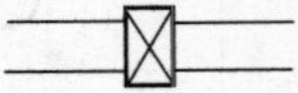	
14	立式明装风机盘管		
15	立式暗装风机盘管		
16	卧式明装风机盘管		

续表

序号	名　　称	图　　例	备　　注
17	卧式暗装风机盘管	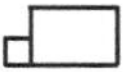	
18	窗式空调器	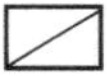	
19	分体空调器	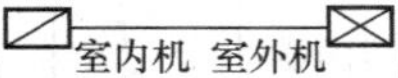	
20	射流诱导风机	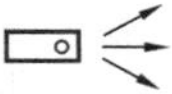	
21	减振器	⊙　△	左为平面图画法，右为剖面图画法

4.1.4　调控装置及仪表

调控装置及仪表　　**表 4-6**

序号	名　　称	图　　例	附　　注
1	温度传感器	T	各种执行机构可与风阀、水阀表示相应功能的控制阀门
2	湿度传感器	H	

续表

序号	名称	图例	附注
3	压力传感器	P	
4	压差传感器	ΔP	
5	流量传感器	F	
6	烟感器	S	
7	流量开关	FS	各种执行机构可与风阀、水阀表示相应功能的控制阀门
8	控制器	C	
9	吸顶式温度感应器		
10	温度计		
11	压力表		
12	流量计		

续表

序号	名　称	图　例	附　注
13	能量计		各种执行机构可与风阀、水阀表示相应功能的控制阀门
14	弹簧执行机构		
15	重力执行机构		
16	记录仪	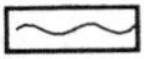	
17	电磁（双位）执行机构		
18	电动（双位）执行机构		
19	电动（调节）执行机构		
20	气动执行机构		
21	浮力执行机构		
22	数字输入量	DI	
23	数字输出量	DO	
24	模拟输入量	AI	
25	模拟输出量	AO	

4.2 通风部件

4.2.1 通风部件规格

密闭式对开多叶调节阀尺寸、质（重）量表　　表 4-7

型号	1	2	3	4	5	6	7	8	9	10	11	12	13	14	15
公称尺寸(mm)	320×160	320×200	320×250	320×320	320×800	320×1000	400×200	400×250	400×320	400×400	400×800	400×10000	400×1250	500×200	500×250
A	320	320	320	320	320	320	400	400	400	400	400	400	400	500	500
B	130	170	220	290	770	970	170	220	290	370	770	970	1220	170	220
C	160	160	160	160	160	160	140	140	140	140	140		140	140	140
叶片个数	2	2	2	2	2	2	3	3	3	3	3	3	3	4	4
法兰宽度	25	25	25	25	30	30	25	25	25	25	30	30	30	25	25
质量(kg)	10.6	11	11.5	12.5	16.5	20.2	12.4	13	13.4	14	17.9	21	23.6	13.5	13.8

续表

型号	16	17	18	19	20	21	22	23	24	25	26	27	28	29	30
公称尺寸(mm)	500×320	500×400	500×500	500×800	500×1000	500×320	500×1250	500×1600	630×250	630×320	630×400	630×500	630×630	630×630	630×630
A	500	500	500	500	500	500	500	500	630	630	630	630	630	630	630
B	290	370	470	770	970	1220	1570	220	290	370	470	600	770	970	1220
C	140	140	140	140	140	140	140	140	140	140	140	140	140	140	
叶片个数	4	4	4	4	4	4	4	4	5	5	5	5	5	5	5
法兰宽度	25	25	25	30	30	30	30	25	25	25	25	25	30	30	30
质量(kg)	14.6	17	17.5	20.5	24	26.9	31	17	18	19	20.2	21.6	23.7	26.5	29.6

续表

型号	31	32	33	34	35	36	37	38	39	40	41	42	43	44
公称尺寸(mm)	630×1600	800×800	800×1250	800×160	800×2000	1000×800	1000×1000	1000×1250	1000×1600	1000×2000	1250×1600	1250×2000	1600×1600	1600×2000
A	630	800	800	800	1000	1000	1000	1000	1000	1250	1250	1600	1600	
B	1570	770	1220	1640	1970	770	970	1220	1570	1970	1570	1970	1570	1970
C	140	140	140	140	140	140	140	140	140	140	140	140	160	160
叶片个数	5	6	6	6	6	8	8	8	8	8	10	10	11	11
法兰宽度	30	30	30	30	30	30	30	30	30	30	30	30	30	30
质量(kg)	35	28	35.7	40.7	57.5	33	39.3	41	49	68	61.5	80.5	75	100

4.2.2 通风部件质量

国标通风部件规格及质（重）量表 **表 4-8**

名称	带调节板活动百叶风口		单层百叶风口		双层百叶风口		三层百叶风口	
图号	T202-1		T202-2		T202-2		T202-3	
序号	尺寸（mm）$A\times B$	kg/个	尺寸（mm）$A\times B$	kg/个	尺寸（mm）$A\times B$	kg/个	尺寸（mm）$A\times B$	kg/个
1	300×150	1.45	200×150	0.88	200×150	1.73	250×180	3.66
2	350×175	1.79	300×150	1.19	300×150	2.52	290×180	4.22
3	450×225	2.47	300×185	1.40	300×185	2.85	330×210	5.14
4	500×250	2.94	330×240	1.70	330×240	3.48	370×210	5.84
5	600×300	3.60	400×240	1.94	400×240	4.46	410×250	6.41
6	—	—	470×285	2.48	470×285	5.66	450×280	8.01
7	—	—	530×330	3.05	530×330	7.22	490×320	9.04
8	—	—	550×375	3.59	550×375	8.01	570×320	10.10

续表

名称	连动百叶窗口		矩形送风口		矩形空气分布器		地上矩形空气分布器	
图号	T202-4		T203		T206-1		T206-2	
序号	尺寸（mm）$A\times B$	kg/个	尺寸（mm）$A\times B$	kg/个	尺寸（mm）$A\times B$	kg/个	尺寸（mm）$A\times B$	kg/个
1	200×150	1.49	60×52	2.22	300×150	4.95	300×150	8.72
2	250×195	1.88	80×69	2.84	400×200	6.61	400×200	12.51
3	300×195	2.06	100×87	3.36	500×250	10.32	500×250	14.44
4	300×240	2.35	120×104	4.46	600×300	12.42	600×300	22.19
5	350×240	2.55	140×121	5.40	700×350	17.71	700×350	27.17
6	350×285	2.83	160×139	6.29	—	—	—	—
7	400×330	3.52	180×156	7.36	—	—	—	—
8	500×330	4.07	200×173	8.65	—	—	—	—
9	500×375	4.50	—	—	—	—	—	—

续表

名称	风管插板式送吸风口				旋转吹风口		地上旋转吹风口	
图号	矩形 T208-1		圆形 T208-2		T209-1		T209-2	
序号	尺寸（mm）$B\times C$	kg/个	尺寸（mm）$B\times C$	kg/个	尺寸（mm）$D=A$	kg/个	尺寸（mm）$D=A$	kg/个
1	200×120	0.88	160×80	0.62	250	10.09	250	13.20
2	240×160	1.20	180×90	0.68	280	11.76	280	15.49
3	320×240	1.95	200×100	0.79	320	14.67	320	18.92
4	400×320	2.96	220×110	0.90	360	17.86	360	22.82
5	—	—	240×120	1.01	400	20.68	400	26.25
6	—	—	280×140	1.27	450	25.21	450	31.77
7	—	—	320×160	1.50	—	—	—	—
8	—	—	360×180	1.79	—	—	—	—
9	—	—	400×200	2.10	—	—	—	—
10	—	—	440×220	2.39	—	—	—	—
11	—	—	500×250	2.94	—	—	—	—
12	—	—	560×280	3.53	—	—	—	—

续表

名称	圆形直片散流器		方形直片散流器		流线型散流器	
图号	CT211-1		CT211-2		CT211-4	
序号	尺寸 ϕ（mm）	kg/个	尺寸（mm）$A\times A$	kg/个	尺寸 d（mm）	kg/个
1	120	3.01	120×120	2.34	160	3.97
2	140	3.29	160×160	2.73	200	5.45
3	180	4.39	200×200	3.91	250	7.94
4	220	5.02	250×250	5.29	320	10.28
5	250	5.54	320×320	7.43	—	—
6	280	7.42	400×400	8.89	—	—
7	320	8.22	500×500	12.23	—	—
8	360	9.04	—	—	—	—
9	400	10.88	—	—	—	—
10	450	11.98	—	—	—	—
11	500	13.07	—	—	—	—

续表

名称	单面送吸风口				网双面送吸风口			
图号	Ⅰ型 T212-1		Ⅱ型 T212-1		Ⅰ型 T212-2		Ⅱ型 T212-2	
序号	尺寸（mm）A×A	kg/个	尺寸 D（mm）	kg/个	尺寸（mm）A×A	kg/个	尺寸 D（mm）	kg/个
1	100×100		100	1.37	100×100		100	1.54
2	120×120	2.01	120	1.85	120×120	2.07	120	1.97
3	140×140		140	2.23	140×140		140	2.32
4	160×160	2.93	160	2.68	160×160	2.75	160	2.76
5	180×180		180	3.14	180×180		180	3.20
6	200×200	4.01	200	3.73	200×200	3.63	200	3.65
7	220×220		220	5.51	220×220		220	5.17

续表

名称	单面送吸风口				网双面送吸风口			
图号	Ⅰ型 T212-1		Ⅱ型 T212-1		Ⅰ型 T212-2		Ⅱ型 T212-2	
序号	尺寸（mm）$A\times A$	kg/个	尺寸 D（mm）	kg/个	尺寸（mm）$A\times A$	kg/个	尺寸 D（mm）	kg/个
8	250×250	7.12	250	6.68	250×250	5.83	250	6.18
9	280×280		280	8.08	280×280		280	7.42
10	320×320	10.84	320	10.27	320×320	8.20	320	9.06
11	360×360		360	12.52	360×360		360	10.74
12	400×400	15.68	400	14.93	400×400	11.19	400	12.81
13	450×450		450	18.20	450×450		450	15.26
14	500×500	23.08	500	22.01	500×500	15.50	500	18.36

续表

名称	活动箅板式风口		网式风口				加热器上通阀	
图号	T261		三面 T262		矩形 T262		T101-1	
序号	尺寸（mm）$A \times B$	kg/个	尺寸（mm）$A \times B$	kg/个	尺寸（mm）$A \times B$	kg/个	尺寸（mm）$A \times B$	kg/个
1	235×200	1.06	250×200	5.27	200×150	0.56	650×250	13.00
2	325×200	1.39	300×200	5.95	250×200	0.73	1200×250	19.68
3	415×200	1.73	400×200	7.95	350×250	0.99	1100×300	19.71
4	415×250	1.97	500×250	10.97	450×300	1.27	1800×300	25.87
5	505×250	2.36	600×250	13.03	550×350	1.81	1200×400	23.16
6	595×250	2.71	620×300	14.19	600×400	2.05	1600×400	28.19
7	535×300	2.80	—	—	700×450	2.44	1800×400	33.78
8	655×400	3.35	—	—	800×500	2.83	—	—
9	775×400	3.70	—	—	—	—	—	—
10	655×400	4.08	—	—	—	—	—	—
11	775×400	4.75	—	—	—	—	—	—
12	895×400	5.42	—	—	—	—	—	—

续表

名称	加热器旁通阀											
图号	T101-2											
序号	尺寸 SRZ		kg/个	尺寸 SRZ		kg/个	尺寸 SRZ		kg/个	尺寸 SRZ		kg/个
1	D5×5ZX	1 型	11.32	D10×6ZX	1 型	18.14	D10×7ZX	1 型	18.14	D15×10ZX	1 型	25.09
2		2 型	13.98		2 型	22.45		2 型	22.45		2 型	31.70
3		3 型	14.72		3 型	22.73		3 型	22.91		3 型	30.74
4		4 型	18.20		4 型	27.99		4 型	27.99		4 型	37.81
5	D10×5ZX	1 型	18.14	D15×6ZX	1 型	25.09	D15×7ZX	1 型	25.09	D17×10ZX	1 型	28.65
6		2 型	22.45		2 型	31.70		2 型	31.70		2 型	35.97
7		3 型	22.73		3 型	30.74		3 型	30.74		3 型	35.10
8		4 型	27.99		4 型	37.81		4 型	37.81		4 型	42.86
9	D6×6ZX	1 型	12.42	D7×7ZX	1 型	13.95	D17×7ZX	1 型	28.65	D12×6ZX	1 型	21.46
10		2 型	15.62		2 型	17.48		2 型	35.97		2 型	26.73
11		3 型	16.21		3 型	17.95		3 型	35.10		3 型	26.61
12		4 型	20.08		4 型	22.07		4 型	42.96		4 型	32.61

续表

名称	圆形瓣式启动阀				圆形蝶阀（拉链式）			
图号	T301-5				非保温 T302-5		保温 T302-5	
序号	尺寸 ϕA_1	kg/个	尺寸 ϕA_1	kg/个	尺寸 D (mm)	kg/个	尺寸 D (mm)	kg/个
1	400	15.06	900	54.80	200	3.63	200	3.85
2	420	16.02	910	53.25	220	3.93	220	4.17
3	459	17.59	1000	63.93	250	4.40	250	4.67
4	455	17.37	1040	65.48	280	4.90	280	5.22
5	500	20.32	1170	72.57	320	5.78	320	5.92
6	520	20.31	1200	82.68	360	6.53	360	6.68
7	550	22.23	1250	86.50	400	7.34	400	7.55
8	585	22.94	1300	89.16	450	8.37	450	8.51

续表

名称	圆形瓣式启动阀				圆形蝶阀（拉链式）			
图号	T301-5				非保温 T302-5		保温 T302-5	
序号	尺寸 ϕA_1	kg/个	尺寸 ϕA_1	kg/个	尺寸 D (mm)	kg/个	尺寸 D (mm)	kg/个
9	600	29.67	—	—	500	13.22	500	11.32
10	620	28.35	—	—	560	16.07	560	13.78
11	650	30.21	—	—	630	18.55	630	15.65
12	715	35.37	—	—	700	22.54	700	19.32
13	750	38.29	—	—	800	26.62	800	22.49
14	780	41.55	—	—	900	32.91	900	28.12
15	800	42.38	—	—	1000	37.66	1000	31.77
16	840	43.21	—	—	1120	45.21	1120	38.42

续表

名称	方形蝶阀（拉链式）				矩形蝶阀（拉链式）							
图号	非保温 T302-3		保温 T302-4		非保温 T302-5				保温 T302-6			
序号	尺寸(mm) $A\times A$	kg/个	尺寸(mm) $A\times A$	kg/个	尺寸(mm) $A\times B$	kg/个	尺寸(mm) $A\times B$	kg/个	尺寸(mm) $A\times B$	kg/个	尺寸(mm) $A\times B$	kg/个
1	120×120	3.04	120×120	3.20	200×250	5.17	320×630	17.44	200×250	5.33	320×630	15.55
2	160×160	3.78	160×160	3.97	200×320	5.85	320×800	22.43	200×320	6.03	320×800	20.07
3	200×200	4.54	200×200	4.78	200×400	6.68	400×500	15.74	200×400	6.87	400×500	13.95
4	250×250	5.68	250×250	5.86	200×500	9.74	400×630	19.27	200×500	9.96	400×630	17.09
5	320×320	7.25	320×320	7.44	250×320	6.45	400×800	24.58	250×320	6.64	400×800	21.91

续表

名称	方形蝶阀（拉链式）				矩形蝶阀（拉链式）							
图号	非保温 T302-3		保温 T302-4		非保温 T302-5				保温 T302-6			
序号	尺寸 (mm) $A\times A$	kg/个	尺寸 (mm) $A\times A$	kg/个	尺寸 (mm) $A\times B$	kg/个	尺寸 (mm) $A\times B$	kg/个	尺寸 (mm) $A\times B$	kg/个	尺寸 (mm) $A\times B$	kg/个
6	400×400	10.07	400×400	10.28	250×400	7.31	500×630	21.56	250×400	7.51	500×630	18.97
7	500×500	19.14	500×500	16.70	250×500	10.58	500×800	27.40	250×500	10.81	500×800	24.20
8	630×630	27.08	630×630	23.63	250×630	13.29	630×800	30.87	250×630	13.53	630×800	27.12
9	800×800	37.75	800×800	32.67	320×400	12.46	—	—	320×400	11.19	—	—
10	1000×1000	49.55	1000×1000	42.42	320×500	14.13	—	—	320×500	12.64	—	—

续表

名称	钢制蝶阀（手柄式）									
图号	圆形 T302-7				方形 T302-8		矩形 T302-9			
序号	尺寸 D (mm)	kg/个	尺寸 D (mm)	kg/个	尺寸 (mm) $A \times A$	kg/个	尺寸 (mm) $A \times B$	kg/个	尺寸 (mm) $A \times B$	kg/个
1	100	1.95	360	7.94	120×120	2.87	200×250	4.98	320×630	17.41
2	120	2.24	400	8.86	160×160	3.61	200×320	5.66	320×800	22.10
3	140	2.52	450	10.65	200×200	4.37	200×400	6.49	400×500	15.41
4	160	2.81	500	13.08	250×250	5.51	200×500	9.55	400×630	18.94
5	180	3.12	560	14.80	320×320	7.08	250×320	6.26	400×800	24.25

续表

名称	钢制蝶阀（手柄式）									
图号	圆形 T302-7				方形 T302-8		矩形 T302-9			
序号	尺寸 D (mm)	kg/个	尺寸 D (mm)	kg/个	尺寸 (mm) $A\times A$	kg/个	尺寸 (mm) $A\times B$	kg/个	尺寸 (mm) $A\times B$	kg/个
6	200	3.43	630	18.51	400×400	9.90	250×400	7.12	500×630	21.23
7	220	3.72	—	—	500×500	17.70	250×500	10.39	500×800	27.07
8	250	4.22	—	—	630×630	25.31	250×630	13.10	630×800	30.54
9	280	6.22	—	—	—	—	320×400	12.13	—	—
10	320	7.06	—	—	—	—	320×500	13.85	—	—

续表

名称	圆形风管止回阀				方形风管止回阀			
图号	垂直式 T303-1		水平式 T303-1		垂直式 T303-2		水平式 T303-2	
序号	尺寸（mm）$A\times B$	kg/个	尺寸（mm）$C\times H$	kg/个	尺寸（mm）$A\times B$	kg/个	尺寸（mm）$A\times B$	kg/个
1	220	5.53	220	5.69	200×200	6.74	200×200	6.73
2	250	6.22	250	6.41	250×250	8.34	250×250	8.37
3	280	6.95	280	7.17	320×320	10.58	320×320	10.70
4	320	7.93	320	8.26	400×400	13.24	400×400	13.43
5	360	8.98	360	9.33	500×500	19.43	500×500	19.81
6	400	9.97	400	10.36	630×630	26.60	630×630	27.72
7	450	11.25	450	11.73	800×800	36.13	800×800	37.33

续表

名称	圆形风管止回阀				方形风管止回阀			
图号	垂直式 T303-1		水平式 T303-1		垂直式 T303-2		水平式 T303-2	
序号	尺寸（mm）$A\times B$	kg/个	尺寸（mm）$C\times H$	kg/个	尺寸（mm）$A\times B$	kg/个	尺寸（mm）$A\times B$	kg/个
8	500	13.69	500	14.19	—	—	—	—
9	560	15.42	560	16.14	—	—	—	—
10	630	17.42	630	18.26	—	—	—	—
11	700	20.81	700	21.85	—	—	—	—
12	800	24.12	800	25.68	—	—	—	—
13	900	29.53	900	31.13	—	—	—	—

续表

名称	密闭式斜插板阀								矩形风管三通调节阀			
图号	T305								手柄式 T306-1			
序号	尺寸 D (mm)	kg/个	尺寸 D (mm)	kg/个	尺寸 D (mm)	kg/个	尺寸 D (mm)	kg/个	尺寸 (mm) $H\times L$	kg/个	尺寸 (mm) $H\times L$	kg/个
1	80	2.70	145	5.60	210	9.90	275	14.50	120×180	1.69	250×375	2.80
2	85	2.90	150	5.80	215	10.20	280	14.90	160×180	1.87	320×375	3.25
3	90	3.10	155	6.10	220	10.50	285	15.30	200×180	1.98	400×375	3.74
4	95	3.30	160	6.40	225	10.90	290	15.70	250×180	2.17	500×375	4.37
5	100	3.50	165	6.60	230	11.20	300	16.50	160×240	2.00	630×375	5.22
6	105	3.80	170	6.90	235	11.60	310	17.20	200×240	2.17	320×480	3.70

续表

名称	密闭式斜插板阀								矩形风管三通调节阀			
图号	T305								手柄式 T306-1			
序号	尺寸 D (mm)	kg/个	尺寸 D (mm)	kg/个	尺寸 D (mm)	kg/个	尺寸 D (mm)	kg/个	尺寸 (mm) $H\times L$	kg/个	尺寸 (mm) $H\times L$	kg/个
7	110	3.90	175	7.10	240	11.90	320	18.10	250×240	2.36	400×480	4.30
8	115	4.20	180	7.40	245	12.30	330	19.00	320×240	2.70	500×480	5.06
9	120	4.40	185	7.74	250	12.70	340	19.90	200×300	2.30	630×480	6.04
10	125	4.60	190	8.00	255	13.00	—	—	250×300	2.54	400×600	4.87
11	130	4.80	195	8.30	260	13.30	—	—	320×300	2.95	500×600	5.82
12	135	5.10	200	9.20	265	13.70	—	—	400×300	3.36	630×600	6.98
13	140	5.30	205	9.50	270	14.10	—	—	500×300	3.93	630×750	8.17

续表

名称	手动密闭式对开多叶阀							
图号	T308-1							
序号	尺寸（mm）$A \times B$	kg/个	尺寸（mm）$A \times B$	kg/个	尺寸（mm）$A \times B$	kg/个	尺寸（mm）$A \times B$	kg/个
1	160×320	8.90	400×400	13.10	1000×500	25.90	1250×800	52.10
2	200×320	9.30	500×400	14.20	1250×500	31.60	1600×800	65.40
3	250×320	9.80	630×400	16.50	1600×500	50.80	2000×800	75.50
4	320×320	10.50	800×400	19.10	250×630	16.10	1000×1000	51.10
5	400×320	11.70	1000×400	22.40	630×630	22.80	1250×1000	61.40
6	500×320	12.70	1250×400	27.40	800×630	33.10	1600×1000	76.80
7	630×320	14.7	200×500	12.80	1000×630	37.90	2000×1000	88.10
8	800×320	17.30	250×500	13.40	1250×630	45.50	1600×1250	90.40
9	1000×320	20.20	500×500	16.70	1600×630	57.70	2000×1250	103.20
10	200×400	10.60	630×500	19.30	800×800	37.90	—	—
11	250×400	11.10	800×500	22.40	1000×800	43.10	—	—

续表

名称	手动对开式多叶阀							
图号	T308-2							
序号	尺寸（mm）$A \times B$	kg/个	尺寸（mm）$A \times B$	kg/个	尺寸（mm）$A \times B$	kg/个	尺寸（mm）$A \times B$	kg/个
1	320×160	5.51	400×1000	15.42	630×250	9.80	800×1600	31.54
2	320×200	5.87	400×1250	18.05	630×320	10.57	800×2000	48.38
3	320×250	6.29	500×200	7.85	630×400	11.51	1000×800	23.91
4	320×320	6.90	500×250	8.27	630×500	12.63	1000×1000	28.31
5	320×800	10.99	500×320	9.02	630×630	14.07	1000×1250	30.17
6	320×1000	14.52	500×400	9.84	630×800	16.12	1000×1500	38.16
7	400×200	6.64	500×500	10.84	630×1000	19.83	1000×2000	57.73
8	400×250	7.13	500×800	13.98	630×1250	23.08	1250×1600	44.57
9	400×320	7.73	500×1000	17.45	630×1600	27.55	1250×2000	67.47
10	400×400	8.46	500×1250	20.27	800×800	18.86	1600×1600	52.45
11	400×800	12.17	500×1600	24.39	800×1250	26.55	1600×2000	18.23

续表

名称	风管防火阀				上吸式侧吸罩			下吸式侧吸罩		
图号	圆形 T356-1		矩形 T356-2		T401-1			T401-2		
序号	尺寸 D (mm)	kg/个	尺寸 D (mm)	kg/个	尺寸 (mm) $A\times\phi$		kg/个	尺寸 (mm) $A\times\phi$		kg/个
1	360～560	5.11	320～500	5.42	600×220	Ⅰ型	21.73	600×220	Ⅰ型	29.31
2	630～1000	6.59	630～800	8.24		Ⅱ型	25.35		Ⅱ型	31.03
3	1120～1600	12.65	100 以上	11.74	750×250	Ⅰ型	24.50	750×250	Ⅰ型	32.65
4	—	—	—	—		Ⅱ型	28.09		Ⅱ型	34.35
5	—	—	—	—	900×280	Ⅰ型	27.12	900×280	Ⅰ型	35.95
6	—	—	—	—		Ⅱ型	30.67		Ⅱ型	37.64

续表

名称	中小型零件焊接合排气罩			整体槽边侧吸罩		分组槽边侧吸罩		分组侧吸罩调节阀	
图号	T308-2			T308-2		T308-2		T308-2	
序号	尺寸(mm) $A\times B$		kg/个	尺寸(mm) $B\times C$	kg/个	尺寸(mm) $B\times C$	kg/个	尺寸(mm) $B\times C$	kg/个
1	小型零件台	300×200	9.30	120×500	19.13	300×120	14.70	300×120	8.89
2		400×250	9.58	150×600	24.06	370×120	17.49	370×120	10.21
3		500×320	11.14	120×500	24.17	450×120	20.46	450×120	11.72
4	中型零件台		25.27	150×600	31.18	550×120	23.46	550×120	13.58
5	—		—	200×700	35.47	650×120	26.83	650×120	15.48
6	—		—	150×600	35.72	300×140	15.52	300×140	9.19
7	—		—	200×700	42.19	370×140	18.41	370×140	10.57

续表

名称	中小型零件焊接合排气罩		整体槽边侧吸罩		分组槽边侧吸罩		分组侧吸罩调节阀	
图号	T308-2		T308-2		T308-2		T308-2	
序号	尺寸(mm) $A\times B$	kg/个	尺寸(mm) $B\times C$	kg/个	尺寸(mm) $B\times C$	kg/个	尺寸(mm) $B\times C$	kg/个
8	—	—	150×600	41.48	450×140	21.39	450×140	12.11
9	—	—	200×700	49.43	550×140	24.60	550×140	14.03
10	—	—	200×600	50.36	650×140	27.85	650×140	15.96
11	—	—	200×700	59.47	300×160	16.18	300×160	9.69
12	—	—			370×160	19.10	370×160	11.16
13	—	—			450×160	22.06	450×160	12.72
14	—	—			550×160	25.37	550×160	14.68
15	—	—			650×160	28.59	650×160	16.66

续表

名称	槽边吹风罩		槽边吸风罩					
图号	T403-2		T403-2					
序号	尺寸（mm）$B\times C$	kg/个	尺寸（mm）$B\times C$	kg/个	尺寸（mm）$B\times C$	kg/个	尺寸（mm）$B\times C$	kg/个
1	300×100	12.73	300×100	14.05	370×500	56.63	550×400	59.64
2	300×120	13.61	300×120	16.28	450×100	19.82	550×500	72.53
3	370×100	15.30	300×150	19.27	450×120	22.73	650×100	26.17
4	370×120	16.30	300×200	23.35	450×150	26.46	650×120	29.76
5	450×100	17.81	300×300	30.45	450×200	31.85	650×150	34.35
6	450×120	18.84	300×400	38.20	450×300	40.88	650×200	40.91
7	550×100	20.88	300×500	46.46	450×400	51.08	650×300	52.10

续表

名称	槽边吹风罩		槽边吸风罩					
图号	T403-2		T403-2					
序号	尺寸（mm）$B\times C$	kg/个	尺寸（mm）$B\times C$	kg/个	尺寸（mm）$B\times C$	kg/个	尺寸（mm）$B\times C$	kg/个
8	550×120	22.04	370×100	17.02	450×500	62.09	650×400	64.57
9	650×100	23.79	370×120	19.71	550×100	23.16	650×500	78.04
10	650×120	24.98	370×150	23.06	550×120	26.48	—	—
11	—	—	370×200	28.22	550×150	30.93	—	—
12	—	—	370×300	36.91	550×200	37.07	—	—
13	—	—	370×400	46.30	550×300	47.70	—	—

续表

名称	槽边出风罩调节阀						槽边吸风罩调节阀	
图号	T403-2						T403-2	
序号	尺寸（mm）$B\times C$	kg/个	尺寸（mm）$B\times C$	kg/个	尺寸（mm）$B\times C$	kg/个	尺寸（mm）$B\times C$	kg/个
1	300×100	8.43	370×500	19.22	550×400	21.24	300×100	8.83
2	300×120	8.89	450×100	11.12	550×500	24.09	300×120	8.89
3	300×150	9.55	450×120	11.71	650×100	14.87	370×100	9.72
4	300×200	10.69	450×150	12.47	650×120	15.49	370×120	10.21
5	300×300	12.80	450×200	13.73	650×150	16.39	450×100	11.22
6	300×400	14.98	450×300	16.26	650×200	17.81	450×120	11.71
7	300×500	17.36	450×400	18.82	650×300	20.74	550×100	13.06

续表

名称	槽边出风罩调节阀						槽边吸风罩调节阀	
图号	T403-2						T403-2	
序号	尺寸（mm）$B \times C$	kg/个	尺寸（mm）$B \times C$	kg/个	尺寸（mm）$B \times C$	kg/个	尺寸（mm）$B \times C$	kg/个
8	370×100	9.70	450×500	21.35	650×400	23.68	550×120	13.60
9	370×120	10.21	550×100	13.06	650×500	26.98	650×100	14.89
10	370×150	10.92	550×120	13.60	—	—	650×120	15.48
11	370×200	12.10	550×150	14.47	—	—	—	—
12	370×300	14.48	550×200	15.77	—	—	—	—
13	370×400	16.86	550×300	17.97	—	—	—	—

续表

名称	条缝槽边抽风罩					
图号	（单侧Ⅰ型）T403-5		（单侧Ⅱ型）T403-5		（双侧）T403-5	
序号	尺寸（mm）$A \times E \times F$	kg/个	尺寸（mm）$A \times E \times F$	kg/个	尺寸（mm）$A \times E \times F$	kg/个
1	600×200×200	14.84	600×200×200	15.63	600×600×200	48.22
2	800×200×200	18.59	800×200×200	19.81	800×600×200	56.12
3	1000×200×200	22.59	1000×200×200	23.74	800×700×200	58.20
4	1200×200×200	26.39	1200×200×200	27.91	800×800×200	59.47
5	1500×200×200	32.04	1500×200×200	34.08	1000×600×200	63.72
6	2000×200×200	41.44	2000×200×200	43.92	1000×700×200	66.00
7	600×250×200	16.67	600×250×200	17.53	1000×800×200	68.07
8	800×250×200	20.92	800×250×200	21.96	1000×1000×200	72.63
9	100×250×200	25.37	100×250×200	26.59	1000×1200×200	76.99

续表

名称	条缝槽边抽风罩					
图号	（单侧Ⅰ型）T403-5		（单侧Ⅱ型）T403-5		（双侧）T403-5	
序号	尺寸（mm） $A \times E \times F$	kg/个	尺寸（mm） $A \times E \times F$	kg/个	尺寸（mm） $A \times E \times F$	kg/个
10	1200×250×200	29.37	1200×250×200	31.01	1200×600×200	71.52
11	1500×250×200	36.02	1500×250×200	37.88	1200×700×200	73.30
12	2000×250×200	46.52	2000×250×200	49.12	1200×800×200	75.87
13	600×250×250	18.70	600×250×250	19.81	1200×1000×200	80.23
14	800×250×250	23.40	800×250×250	24.74	1200×1200×200	84.78
15	1000×250×250	28.15	1000×250×250	29.61	1500×600×200	83.02
16	1200×250×250	32.85	1200×250×250	34.49	1500×700×200	85.30
17	1500×250×250	40.20	1500×250×250	42.06	1500×800×200	87.37
18	2000×250×250	51.60	2000×250×250	54.20	1500×1000×200	91.73

续表

名称	条缝槽边抽风罩							
图号	（双侧）T403-5							
序号	尺寸（mm）$A \times B \times E$	kg/个	尺寸（mm）$A \times B \times E$	kg/个	尺寸（mm）$A \times B \times E$	kg/个	尺寸（mm）$A \times B \times E$	kg/个
1	1500×1200×200	96.38	1000×1200×250	85.98	2000×1000×250	124.03	1200×700×250	91.37
2	2000×800×200	106.17	1200×600×250	79.02	2000×1200×250	123.88	1200×800×250	93.85
3	2000×1000×200	110.53	1200×700×250	82.50	600×600×250	60.10	1200×1000×250	99.21
4	2000×1200×200	115.18	1200×800×250	84.77	800×600×250	69.50	1200×1200×250	104.26
5	600×600×250	54.07	1200×1000×250	89.83	800×700×250	72.37	1500×600×250	103.00
6	800×600×250	62.82	1200×1200×250	94.68	800×800×250	74.85	1500×700×250	105.17

续表

名称	条缝槽边抽风罩							
图号	（双侧）T403-5							
序号	尺寸（mm）A×B×E	kg/个	尺寸（mm）A×B×E	kg/个	尺寸（mm）A×B×E	kg/个	尺寸（mm）A×B×E	kg/个
7	800×700×250	65.30	1500×600×250	92.92	1000×600×250	79.20	1500×800×250	108.35
8	800×800×250	67.57	1500×700×250	95.40	1000×700×250	81.97	1500×1000×250	113.51
9	1000×600×250	71.22	1500×800×250	97.67	1000×800×250	84.45	1500×1200×250	118.56
10	1000×700×250	73.80	1500×1000×250	102.73	1000×1000×250	89.51	2000×800×250	132.05
11	1000×800×250	76.07	1500×1200×250	107.88	1000×1200×250	94.86	2000×1000×250	137.01
12	1000×1000×250	81.13	2000×800×250	118.87	1200×600×250	88. 60	2000×1200×250	142.36

续表

名称	条缝槽边抽风罩							
图号	（周边Ⅰ、Ⅱ型）T403-5							
序号	尺寸（mm）$A\times B\times E$	kg/个	尺寸（mm）$A\times B\times E$	kg/个	尺寸（mm）$A\times B\times E$	kg/个	尺寸（mm）$A\times B\times E$	kg/个
1	600×600×200	70.62	1200×1200×200	112.00	1000×600×250	100. 00	1500×1000×250	143.28
2	800×600×200	79.85	50×600×200	110.95	1000×700×250	104.68	1500×1200×250	152.23
3	800×700×200	83.93	1500×700×200	115.23	1000×800×250	108.95	2000×800×250	159.14
4	800×800×200	87.90	1500×800×200	118.90	1000×1000×250	117.91	2000×1000×250	168.00
5	1000×600×200	88.70	1500×1000×200	127.06	1000×1200×250	126.66	2000×1200×250	172.35
6	1000×700×200	92.88	1500×1200×200	135.21	1200×600×250	108.88	600×600×250	90.97

续表

名称	条缝槽边抽风罩							
图号	（周边Ⅰ、Ⅱ型）T403-5							
序号	尺寸（mm）A×B×E	kg/个	尺寸（mm）A×B×E	kg/个	尺寸（mm）A×B×E	kg/个	尺寸（mm）A×B×E	kg/个
7	1000×800×200	96.55	2000×800×200	140.87	1200×700×250	114.76	800×600×250	101.85
8	1000×1000×200	105.11	2000×1000×200	149.03	1200×800×250	119.13	800×700×250	106.92
9	1000×1200×200	112.86	2000×1200×200	157.28	1200×1000×250	127.89	800×800×250	111.60
10	1200×600×200	97.94	800×600×250	79.95	1200×1200×250	136.84	1000×600×250	113.52
11	1200×700×200	101.82	800×600×250	90.03	1500×600×250	125.47	1000×700×250	118.19
12	1200×800×200	105.89	800×700×250	94.71	1500×700×250	130.25	1000×800×250	122.67
13	1200×1000×200	113.65	800×800×250	99.08	1500×800×250	134.22	1000×1000×250	132.33

续表

名称	条缝槽边抽风罩						泥心烘炉排气罩		升降式回转排气罩	
图号	（周边Ⅰ、Ⅱ型）T403-5		（环形）T403-5				T403-1、2		T409	
序号	尺寸 (mm) $A\times B\times E$	kg/个	尺寸 (mm) $D\times E\times F$	kg/个	尺寸 (mm) $D\times E\times F$	kg/个	尺寸	kg/个	尺寸 D (mm)	kg/个
1	1000×1200×250	141.98	500×200×200	44.44	700×250×250	71.87	6m^3	191.41	400	18.71
2	1200×600×250	124.00	600×200×200	51.81	800×250×250	80.55	1.3m^3	81.83	500	21.76
3	1200×700×250	128.91	700×200×200	56.69	900×250×250	87.53	—	—	600	23.83

续表

名称	条缝槽边抽风罩						泥心烘炉排气罩		升降式回转排气罩	
图号	（周边Ⅰ、Ⅱ型）T403-5		（环形）T403-5				T403-1、2		T409	
序号	尺寸（mm）$A\times B\times E$	kg/个	尺寸（mm）$D\times E\times F$	kg/个	尺寸（mm）$D\times E\times F$	kg/个	尺寸	kg/个	尺寸 D（mm）	kg/个
4	1200×800×250	133.75	800×200×200	62.97	1000×250×250	97.30	—	—	—	—
5	1200×1000×250	147.71	900×200×200	69.65	—	—	—	—	—	—
6	1200×1200×250	152.86	1000×200×200	75.13	—	—	—	—	—	—

续表

名称	条缝槽边抽风罩						泥心烘炉排气罩		升降式回转排气罩	
图号	（周边Ⅰ、Ⅱ型）T403-5		（环形）T403-5				T403-1、2		T409	
序号	尺寸(mm) $A \times B \times E$	kg/个	尺寸(mm) $D \times E \times F$	kg/个	尺寸(mm) $D \times E \times F$	kg/个	尺寸	kg/个	尺寸 D (mm)	kg/个
7	1500×600×250	140.20	500×250×200	49.74	—	—	—	—	—	—
8	1500×700×250	145.07	600×250×200	56.51	—	—	—	—	—	—
9	1500×800×250	150.25	700×250×200	63.49	—	—	—	—	—	—
10	1500×1000×250	160.01	800×250×200	70.77	—	—	—	—	—	—

续表

名称	条缝槽边抽风罩						泥心烘炉排气罩		升降式回转排气罩	
图号	（周边Ⅰ、Ⅱ型）T403-5		（环形）T403-5				T403-1、2		T409	
序号	尺寸 (mm) $A\times B\times E$	kg/个	尺寸 (mm) $D\times E\times F$	kg/个	尺寸 (mm) $D\times E\times F$	kg/个	尺寸	kg/个	尺寸 D (mm)	kg/个
11	1500×1200×250	169.46	900×250×200	77.25	—	—	—	—	—	—
12	2000×800×250	177.56	1000×250×200	84.03	—	—	—	—	—	—
13	2000×1000×250	187.22	500×250×250	56.91	—	—	—	—	—	—
14	2000×1200×250	196.77	600×250×250	65.49	—	—	—	—	—	—

续表

名称	上吸式圆回转罩			下吸式圆回转罩			升降式排气罩		手锻炉排气罩	
图号	（墙上，钢柱上）T401-1			（钢柱上，混凝土柱上）T410-2			T412		T413	
序号		尺寸 D (mm)	kg/个		尺寸 D (mm)	kg/个	尺寸 D (mm)	kg/个	尺寸 D (mm)	kg/个
1	墙上	320	49.52	钢柱上	320	214.16	400	72.23	400	116
2		400	66.98		400	239.80	600	104.00	450	118
3		450	82.42		450	266.17	800	131.00	500	120
4		560	121.90		560	340.06	1000	169.00	560	184
5		630	159.91		630	385.46	1200	204.00	630	188

续表

名称	上吸式圆回转罩			下吸式圆回转罩			升降式排气罩		手锻炉排气罩	
图号	（墙上，钢柱上）T401-1			（钢柱上，混凝土柱上）T410-2			T412		T413	
序号	尺寸 D（mm）		kg/个	尺寸 D（mm）		kg/个	尺寸 D（mm）	kg/个	尺寸 D（mm）	kg/个
6		320	189.11		320	52.52	1500	299.00	700	189
7		400	213.94		400	67.35	2000	449.00	—	—
8	钢柱上	450	241.94	混凝土柱上	450	84.63	—	—	—	—
9		560	345.10		560	124.71	—	—	—	—
10		630	394.30		630	161.60	—	—	—	—

续表

名称	LWP 滤尘器支架			LWP 滤尘器安装(框架)				风机减振台座	
图号	T521-1、5			(立式、匣式) T521-2		(人字式) T521-3		CG327	
序号	尺寸		kg/个	尺寸(mm) $A \times H$	kg/个	尺寸(mm) $A \times H$	kg/个	尺寸	kg/个
1	清洗槽油槽		53.11	528×588	8.99	1400×1100	49.25	2.8A	25.20
2	清洗槽油槽		33.70	528×1111	12.90	2100×1100	73.71	3.2A	28.60
3	晾干架	Ⅰ型	59.02	528×1634	16.12	2800×1100	98.38	3.6A	30.40
4	晾干架	Ⅱ型	83.95	528×2157	19.35	1400×1633	62.04	4A	34.00
5	晾干架	Ⅲ型	105.32	1051×1111	22.03	2100×1633	92.85	4.5A	39.60
6	—		—	1051×1634	26.70	2800×1633	123.81	5A	47.80
7	—		—	1051×2157	31.32	1400×2156	73.57	6C	211.10

续表

名称	LWP 滤尘器支架		LWP 滤尘器安装(框架)				风机减振台座	
图号	T521-1、5		(立式、匣式) T521-2		(人字式)T521-3		CG327	
序号	尺寸	kg/个	尺寸(mm) $A \times H$	kg/个	尺寸(mm) $A \times H$	kg/个	尺寸	kg/个
8	—	—	1574×1634	33.01	2100×2156	110.14	6D	188.80
9	—	—	1574×2157	37.64	2800×2156	145.90	8C	291.30
10	—	—	2108×2157	57.47	3500×2156	183.45	8D	310.10
11	—	—	2642×2157	78.79	3500×2679	215.33	10C	399.50
12	—	—	—	—	—	—	10D	310.10
13	—	—	—	—	—	—	12C	600.30
14	—	—	—	—	—	—	12D	415.70
15	—	—	—	—	—	—	16B	693.50

续表

名称	滤水器及溢水盘			风管检查孔		圆伞形风帽		锥形风帽	
图号	T704-11			T604		T609		T610	
序号	尺寸		kg/个	尺寸(mm) $B\times D$	kg/个	尺寸 D (mm)	kg/个	尺寸 D (mm)	kg/个
1	滤水器	70 Ⅰ型	11.11	190×130	2.04	200	3.17	200	11.23
2		100 Ⅱ型	13.68	240×180	2.71	220	3.59	220	12.86
3		150 Ⅲ型	17.56	340×290	4.20	250	4.28	250	15.17
4	溢水器	150 Ⅰ型	14.76	490×430	6.55	280	5.09	280	17.93
5		200 Ⅱ型	21.69	—	—	320	6.27	320	21.96
6		250 Ⅲ型	26.79	—	—	360	7.66	360	26.28
7	—	—	—	—	—	400	9.03	400	31.27
8	—	—	—	—	—	450	11.79	450	40.71
9	—	—	—	—	—	500	13.97	500	48.26

续表

名称	滤水器及溢水盘			风管检查孔		圆伞形风帽		锥形风帽	
图号	T704-11			T604		T609		T610	
序号	尺寸		kg/个	尺寸(mm) $B\times D$	kg/个	尺寸 D (mm)	kg/个	尺寸 D (mm)	kg/个
10	—	—	—	—	—	560	16.92	560	58.63
11	—	—	—	—	—	630	21.32	630	73.09
12	—	—	—	—	—	700	25.54	700	87.68
13	—	—	—	—	—	800	40.83	800	114.77
14	—	—	—	—	—	900	50.55	900	142.56
15	—	—	—	—	—	1000	60.62	1000	172.05
16	—	—	—	—	—	1120	75.51	1120	212.98
17	—	—	—	—	—	1250	92.40	1250	260.51

续表

名称	筒形风帽		筒形风帽滴水盘		片式消声器		矿棉管式消声器	
图号	T611		T611-1		T701-1		T701-2	
序号	尺寸 D (mm)	kg/个	尺寸 D (mm)	kg/个	尺寸 A (mm)	kg/个	尺寸 $A \times B$	kg/个
1	200	8.93	200	4.16	900	972	320×320	32.98
2	280	14.74	280	5.66	1300	1365	320×420	38.91
3	400	26.54	400	4.14	1700	1758	320×520	44.88
4	500	53.68	500	12.97	2500	2544	370×370	38.91
5	630	78.75	630	16.03	—	—	370×495	46.50
6	700	94.00	700	18.48	—	—	370×620	53.91
7	800	103.75	800	26.24	—	—	420×420	44.89
8	900	159.54	900	29.64	—	—	420×570	53.91
9	1000	191.33	1000	33.33	—	—	420×720	62.88

续表

名称	聚酯泡沫管式消声器		卡普龙管式消声器		弧形声流式消声器		阻抗复合式管式消声器	
图号	T701-3		T701-4		T701-5		T701-6	
序号	尺寸(mm) $A \times B$	kg/个	尺寸(mm) $A \times B$	kg/个	尺寸(mm) $A \times B$	kg/个	尺寸(mm) $A \times B$	kg/个
1	300×300	17	360×360	23.44	800×800	629	800×500	82.68
2	300×400	20	360×460	32.93	1200×800	874	800×600	96.08
3	300×500	23	360×560	37.83	—	—	1000×600	120.56
4	350×350	20	410×410	32.93	—	—	1000×800	134.62
5	350×475	23	410×535	39.04	—	—	1200×800	111.20
6	350×600	27	410×660	45.01	—	—	1200×1000	124.19
7	400×400	23	460×460	37.83	—	—	1500×1000	155.10
8	400×550	27	460×610	45.01	—	—	1500×1400	214.82
9	400×700	31	460×760	52.10	—	—	1800×1330	252.54
10	—	—	—	—	—	—	2000×1500	347.65

续表

名称	塑料空气分布器				塑料空气分布器			
图号	网板式 T231-1		活动百叶 T231-1		矩形 T231-2		圆形 T234-3	
序号	尺寸(mm) $A_1 \times H$	kg/个	尺寸(mm) $A_1 \times H$	kg/个	尺寸(mm) $A \times H$	kg/个	尺寸 D (mm)	kg/个
1	250×385	1.90	250×385	2.79	300×450	2.89	160	2.62
2	300×480	2.52	300×580	4.19	400×600	4.54	200	3.09
3	350×580	3.33	350×580	5.62	500×710	6.84	250	5.26
4	450×770	6.15	450×770	11.10	600×900	10.33	320	7.29
5	500×870	7.64	500×870	14.16	700×100	12.91	400	12.04
6	550×960	8.92	550×960	16.47	—	—	450	15.47

续表

名称	塑料直片散流器		塑料插板式侧面风口					
图号	T235-1		Ⅰ型圆形 T236-1		Ⅱ型方矩 T236-1		Ⅱ型 T236-1	
序号	尺寸 D (mm)	kg/个	尺寸(mm) $A \times B$	kg/个	尺寸(mm) $A \times B$	kg/个	尺寸(mm) $A \times B_1$	kg/个
1	160	1.97	160×160	0.33	200×120	0.42	360×188	1.93
2	200	2.62	180×90	0.37	240×160	0.54	400×208	2.22
3	250	3.41	200×100	0.41	320×140	1.03	440×228	2.51
4	320	4.46	220×110	0.46	400×320	1.64	500×258	2.00
5	400	9.34	240×120	0.51	—	—	560×288	3.53
6	450	10.51	280×140	0.61	—	—	—	—

续表

名称	塑料直片散流器		塑料插板式侧面风口					
图号	T235-1		Ⅰ型圆形 T236-1		Ⅱ型方矩 T236-1		Ⅱ型 T236-1	
序号	尺寸 D (mm)	kg/个	尺寸(mm) $A \times B$	kg/个	尺寸(mm) $A \times B$	kg/个	尺寸(mm) $A \times B_1$	kg/个
7	500	11.67	320×160	0.78	—	—	—	—
8	560	13.31	360×180	1.12	—	—	—	—
9	—	—	400×200	1.33	—	—	—	—
10	—	—	440×220	1.52	—	—	—	—
11	—	—	500×250	1.81	—	—	—	—
12	—	—	560×280	2.12	—	—	—	—

续表

名称	塑料插板阀						塑料风机插板阀	
图号	圆形 T353-1				方形 T352-2		T351-1	
序号	尺寸ϕ (mm)	kg/个	尺寸ϕ (mm)	kg/个	尺寸(mm) $a\times a$	kg/个	尺寸D	kg/个
1	100	0.33	495	6.77	130×130	0.43	195	2.01
2	115	0.39	545	7.94	150×150	0.50	228	2.42
3	130	0.46	595	9.10	180×180	0.63	260	2.87
4	140	0.51	—	—	200×200	0.72	292	3.34
5	150	0.56	—	—	210×210	0.78	325	4.99
6	165	0.62	—	—	240×240	0.96	390	6.62
7	195	1.10	—	—	250×250	1.00	455	8.05

续表

名称	塑料插板阀						塑料风机插板阀	
图号	圆形 T353-1				方形 T352-2		T351-1	
序号	尺寸 ϕ (mm)	kg/个	尺寸 ϕ (mm)	kg/个	尺寸(mm) $a\times a$	kg/个	尺寸 D	kg/个
8	215	1.23	—	—	280×280	1.18	520	10.11
9	235	1.41	—	—	350×350	3.13	—	—
10	265	1.66	—	—	400×400	3.73	—	—
11	285	1.83	—	—	450×450	4.49	—	—
12	320	3.17	—	—	500×500	6.00	—	—
13	375	3.95	—	—	520×520	6.42	—	—
14	440	5.03	—	—	600×600	7.81	—	—

续表

名称	塑料蝶阀(手柄式)				塑料蝶阀(拉链式)			
图号	圆形 T354-1		方形 T354-1		圆形 T354-2		方形 T354-2	
序号	尺寸 D (mm)	kg/个	尺寸(mm) $A\times A$	kg/个	尺寸 D (mm)	kg/个	尺寸(mm) $A\times A$	kg/个
1	100	0.86	120×120	1.13	200	1.75	200×200	2.13
2	120	0.97	160×160	1.49	220	1.89	250×250	2.78
3	140	1.09	200×200	2.15	250	2.26	320×320	4.36
4	160	1.25	250×250	2.87	280	2.66	400×400	7.09
5	180	1.41	320×320	4.48	320	3.22	500×500	10.72
6	200	1.78	400×400	7.21	360	4.81	630×630	17.40
7	220	1.98	500×500	10.84	400	5.71	—	—

续表

名称	塑料蝶阀(手柄式)				塑料蝶阀(拉链式)			
图号	圆形 T354-1		方形 T354-1		圆形 T354-2		方形 T354-2	
序号	尺寸 D (mm)	kg/个	尺寸(mm) $A\times A$	kg/个	尺寸 D (mm)	kg/个	尺寸(mm) $A\times A$	kg/个
8	250	2.35	—	—	450	7.17	—	—
9	280	2.75	—	—	500	8.54	—	—
10	320	3.31	—	—	560	11.41	—	—
11	360	4.93	—	—	630	13.91	—	—
12	400	5.83	—	—	—	—	—	—
13	450	7.29	—	—	—	—	—	—
14	500	8.66	—	—	—	—	—	—

续表

名称	塑料插板阀				塑料整体槽边罩		塑料分组槽边罩	
图号	圆形 T355-1		方形 T355-2		T451-1		T451-1	
序号	尺寸 D (mm)	kg/个	尺寸(mm) $A\times A$	kg/个	尺寸(mm) $B\times C$	kg/个	尺寸(mm) $B\times C$	kg/个
1	200	2.85	200×200	3.39	120×500	6.50	300×120	5.00
2	220	3.14	250×250	4.27	150×600	8.11	370×120	5.93
3	250	3.64	320×320	7.51	120×500	8.29	450×120	7.02
4	280	4.83	400×400	11.11	200×700	10.25	550×120	8.13
5	320	6.44	500×500	17.48	150×600	12.14	650×120	9.19
6	360	8.23	630×630	25.59	200×700	12.39	300×140	5.20
7	400	9.12	—	—	200×700	14.44	370×140	6.32

续表

名称	塑料插板阀				塑料整体槽边罩		塑料分组槽边罩	
图号	圆形 T355-1		方形 T355-2		T451-1		T451-1	
序号	尺寸 D (mm)	kg/个	尺寸(mm) $A\times A$	kg/个	尺寸(mm) $B\times C$	kg/个	尺寸(mm) $B\times C$	kg/个
8	450	11.83	—	—	200×700	14.34	450×140	7.14
9	500	15.33	—	—	—	17.12	550×140	8.51
10	560	18.64	—	—	—	17.15	650×140	9.59
11	630	21.96	—	—	—	20.58	300×160	5.47
12	—	—	—	—	—	—	370×160	6.58
13	—	—	—	—	—	—	450×160	7.59
14	—	—	—	—	—	—	550×160	8.88
15	—	—	—	—	—	—	650×160	9.93

续表

名称	塑料分组罩调节阀		塑料槽边吹风罩		塑料槽边吸风罩			
图号	T451-1		T451-1		T451-1			
序号	尺寸(mm) $B\times C$	kg/个	尺寸(mm) $B\times C$	kg/个	尺寸(mm) $B\times C$	kg/个	尺寸(mm) $B\times C$	kg/个
1	300×120	3.09	300×100	4.41	300×100	4.89	450×120	7.93
2	370×120	3.50	300×120	4.70	300×120	5.68	450×150	9.26
3	450×120	3.96	370×100	5.30	300×150	6.72	450×200	11.15
4	550×120	4.63	370×120	5.63	300×200	8.17	450×300	14.35
5	650×120	5.20	450×100	6.16	300×300	10.64	450×400	17.94
6	300×140	3.25	450×120	6.52	300×400	13.42	450×500	21.86
7	370×140	3.66	550×100	7.23	300×500	16.46	550×100	8.03

续表

名称	塑料分组罩调节阀		塑料槽边吹风罩		塑料槽边吸风罩			
图号	T451-1		T451-1		T451-1			
序号	尺寸(mm) $B\times C$	kg/个	尺寸(mm) $B\times C$	kg/个	尺寸(mm) $B\times C$	kg/个	尺寸(mm) $B\times C$	kg/个
8	450×140	4.20	550×120	7.51	370×100	5.92	550×120	9.23
9	550×140	4.82	650×100	8.22	370×120	6.88	550×150	10.79
10	650×140	5.41	650×120	8.64	370×150	8.07	550×200	12.98
11	300×160	3.39	—	—	370×200	9.90	550×300	16.72
12	370×160	3.81	—	—	370×300	12.90	—	—
13	450×160	4.31	—	—	370×400	16.28	—	—
14	550×160	4.99	—	—	370×500	19.92	—	—
15	650×160	5.60	—	—	400×100	6.89	—	—

续表

名称	塑料槽边吸风罩		塑料槽边吸风罩调节阀					
图号	T451-2		T451-2					
序号	尺寸(mm) $B\times C$	kg/个	尺寸(mm) $B\times C$	kg/个	尺寸(mm) $B\times C$	kg/个	尺寸(mm) $B\times C$	kg/个
1	550×400	20.95	300×100	2.96	370×500	6.38	550×400	7.11
2	550×500	25.51	300×120	3.09	450×100	3.82	550×500	7.99
3	650×100	9.08	300×150	3.33	450×120	4.00	650×100	5.02
4	650×120	10.37	300×200	3.66	450×150	4.2307	650×120	5.25
5	650×150	12.00	300×300	4.37	450×200	4.64	650×150	5.54
6	650×200	14.31	300×400	5.10	450×300	5.43	650×200	5.99
7	650×300	18.24	300×500	5.81	450×400	6.22	650×300	6.91

续表

名称	塑料槽边吸风罩		塑料槽边吸风罩调节阀					
图号	T451-2		T451-2					
序号	尺寸(mm) $B\times C$	kg/个	尺寸(mm) $B\times C$	kg/个	尺寸(mm) $B\times C$	kg/个	尺寸(mm) $B\times C$	kg/个
8	650×400	22.66	370×100	3.35	450×500	7.07	650×400	7.88
9	650×500	27.44	370×120	3.50	550×100	4.46	650×500	8.83
10	—	—	370×150	3.76	550×120	4.64	—	—
11	—	—	370×200	4.16	550×150	4.91	—	—
12	—	—	370×300	4.86	550×200	5.37	—	—
13	—	—	370×400	5.64	550×300	6.21	—	—

续表

名称	塑料槽边出风罩调节阀		塑料条缝槽边抽风罩							
图号	T451-2		单侧Ⅰ型 T451-5				单侧Ⅱ型 T451-5			
序号	尺寸 (mm) $B \times C$	kg/个	尺寸 (mm) $A \times E \times F$	kg/个	尺寸 (mm) $A \times E \times F$	kg/个	尺寸 (mm) $A \times E \times F$	kg/个	尺寸 (mm) $A \times E \times F$	kg/个
1	300×100	2.96	600×200×200	4.09	1500×250×200	9.79	600×200×200	4.29	1500×250×200	10.36
2	300×120	3.09	800×200×200	5.12	2000×250×200	12.66	800×200×200	5.49	2000×250×200	13.44
3	370×100	3.35	1000×200×200	6.20	600×250×250	5.18	1000×200×200	6.53	600×250×250	5.49
4	370×120	3.50	1200×200×200	7.23	800×250×250	6.46	1200×200×200	7.62	800×250×250	6.78
5	450×100	3.82	1500×200×200	8.77	1000×250×250	7.75	1500×200×200	9.36	1000×250×250	8.07

续表

名称	塑料槽边出风罩调节阀		塑料条缝槽边抽风罩							
图号	T451-2		单侧Ⅰ型 T451-5				单侧Ⅱ型 T451-5			
序号	尺寸 (mm) $B\times C$	kg/个	尺寸 (mm) $A\times E\times F$	kg/个	尺寸 (mm) $A\times E\times F$	kg/个	尺寸 (mm) $A\times E\times F$	kg/个	尺寸 (mm) $A\times E\times F$	kg/个
6	450×120	4.08	2000×200×200	11.33	1200×250×250	9.02	2000×200×200	12.04	1200×250×250	9.47
7	550×100	4.46	600×250×200	4.54	1500×250×250	11.01	600×250×200	4.80	1500×250×250	11.59
8	550×120	4.62	800×250×200	5.69	2000×250×250	14.21	800×250×200	6.08	2000×250×250	14.80
9	650×100	5.02	1000×250×200	6.91	—	—	1000×250×200	7.29	—	—
10	650×120	5.22	1200×250×200	7.99	—	—	1200×250×200	8.44	—	—

续表

名称	塑料条缝槽边抽风罩							
图号	（双侧）T451-5							
序号	尺寸（mm） $A \times B \times E$	kg/个	尺寸（mm） $A \times B \times E$	kg/个	尺寸（mm） $A \times B \times E$	kg/个	尺寸（mm） $A \times B \times E$	kg/个
1	600×600×200	13.11	1200×1200×200	23.20	1000×600×250	19.41	1500×1000×250	27.97
2	800×600×200	15.31	1500×600×200	22.61	1000×700×250	20.14	1500×1200×250	29.60
3	800×700×200	15.94	1500×700×200	23.34	1000×800×250	20.74	2000×1000×250	32.34
4	800×800×200	16.54	1500×800×200	23.74	1000×1000×250	22.07	2000×800×250	33.77
5	800×600×200	17.31	1500×1000×200	25.07	1000×1200×250	23.50	2000×1200×250	35.10
6	1000×700×200	18.04	1500×1200×200	26.30	1200×600×250	21.51	600×600×250	16.44
7	1000×800×200	18.54	2000×800×200	28.94	1200×700×250	22.54	800×700×250	18.94
8	1000×1000×200	19.87	2000×1000×200	30.12	1200×800×250	23.14	800×700×250	19.74
9	1000×1200×200	21.10	2000×1200×200	31.40	1200×1000×250	24.47	800×800×250	20.47
10	1200×600×200	19.41	600×600×250	14.71	1200×1200×250	25.80	1000×600×250	21.64

续表

名称	塑料条缝槽边抽风罩							
图号	（双侧）T451-5							
序号	尺寸（mm） A×B×E	kg/个	尺寸（mm） A×B×E	kg/个	尺寸（mm） A×B×E	kg/个	尺寸（mm） A×B×E	kg/个
11	1200×700×200	20.14	800×600×250	16.61	1500×600×250	25.31	1000×700×250	22.24
12	1200×800×200	20.64	800×700×250	17.84	1500×700×250	26.04	1000×800×250	23.07
13	1200×1000×200	21.87	800×800×250	18.44	1500×800×250	26.64	1000×1000×250	24.37

名称	塑料条缝槽边抽风罩							
图号	T451-5				（周边Ⅰ、Ⅱ型）T451-5			
序号	尺寸（mm） A×B×E	kg/个	尺寸（mm） A×B×E	kg/个	尺寸（mm） A×B×E	kg/个	尺寸（mm） A×B×E	kg/个
1	1000×1200×250	25.80	1500×700×250	28.74	600×600×200	19.21	1000×1000×200	28.61
2	1200×600×250	24.14	1500×800×250	29.57	800×600×200	21.76	1000×1200×200	30.51

续表

名称	塑料条缝槽边抽风罩							
图号	T451-5				(周边Ⅰ、Ⅱ型) T451-5			
序号	尺寸 (mm) $A \times B \times E$	kg/个	尺寸 (mm) $A \times B \times E$	kg/个	尺寸 (mm) $A \times B \times E$	kg/个	尺寸 (mm) $A \times B \times E$	kg/个
3	1200×700×250	24.84	1500×1000×250	30.87	800×700×200	22.76	1200×600×200	26.82
4	1200×800×250	25.67	1500×1200×250	32.30	800×800×200	23.84	1200×700×200	27.97
5	1200×1000×250	26.97	2000×800×250	35.97	1000×600×200	24.02	1200×800×200	28.60
6	1200×1200×250	28.40	2000×1000×250	37.27	1000×700×200	25.35	1200×1000×200	30.93
7	1500×600×250	28.14	2000×1200×250	38.80	1000×800×200	26.30	1200×1200×200	33.16

名称	塑料条缝槽边抽风罩							
图号	(周边Ⅰ、Ⅱ型) T451-5							
序号	尺寸 (mm) $A \times B \times E$	kg/个	尺寸 (mm) $A \times B \times E$	kg/个	尺寸 (mm) $A \times B \times E$	kg/个	尺寸 (mm) $A \times B \times E$	kg/个
1	1500×600×200	30.16	1000×700×250	28.53	1500×1200×250	41.52	1200×600×250	33.81
2	1500×700×200	31.39	1000×800×250	29.63	2000×800×250	43.33	1200×700×250	35.11

续表

名称	塑料条缝槽边抽风罩							
图号	(周边I、II型) T451-5							
序号	尺寸 (mm) $A \times B \times E$	kg/个	尺寸 (mm) $A \times B \times E$	kg/个	尺寸 (mm) $A \times B \times E$	kg/个	尺寸 (mm) $A \times B \times E$	kg/个
3	1500×800×200	32.39	1000×1000×250	31.46	2000×1000×250	45.76	1200×800×250	36.44
4	1500×1000×200	34.62	1000×1200×250	34.59	2000×1200×250	46.89	1200×1000×250	38.84
5	1500×1200×200	36.85	1200×600×250	29.62	600×600×250	24.81	1200×1200×250	41.57
6	2000×800×200	38.28	1200×700×250	31.25	800×600×250	27.77	1500×600×250	38.23
7	2000×1000×200	40.56	1200×800×250	32.40	800×700×250	29.07	1500×700×250	39.43
8	2000×1200×200	43.09	1200×1000×250	34.78	800×800×250	30.40	1500×800×250	40.96
9	600×600×200	21.76	1200×1200×250	37.31	1000×600×250	30.89	1500×1000×250	43.56
10	800×600×250	24.48	1500×600×250	34.13	1000×700×250	32.19	1500×1200×250	46.19
11	800×700×250	25.81	1500×700×250	35.51	1000×800×250	33.47	2000×800×250	48.37
12	800×800×250	26.96	1500×800×250	36.51	1000×1000×250	35.92	2000×1000×250	50.92
13	1000×600×250	27.20	1500×1000×250	39.04	1000×1200×250	38.65	2000×1200×250	53.55

续表

名称	塑料条缝槽边抽风罩				塑料圆伞形风帽		塑料锥形风帽		塑料筒形风帽	
图号	（环形）T451-5				T654-1		T654-2		T654-3	
序号	尺寸（mm）$D\times E\times F$	kg/个	尺寸（mm）$D\times E\times F$	kg/个	尺寸 D（mm）	kg/个	尺寸 D（mm）	kg/个	尺寸 D（mm）	kg/个
1	500×200×200	12.16	700×250×250	19.57	200	2.28	200	4.97	200	5.03
2	600×200×200	13.43	800×250×250	22.02	220	2.64	220	5.74	220	5.98
3	700×200×200	15.49	900×250×250	23.87	250	3.41	250	7.02	250	7.87
4	800×200×200	17.14	1000×250×250	25.87	280	4.20	280	9.78	280	9.61
5	900×200×200	18.87	—	—	320	5.89	320	12.17	320	12.23
6	1000×200×200	20.47	—	—	360	7.79	360	15.18	360	17.18
7	500×250×200	13.56	—	—	400	9.24	400	18.55	400	22.57
8	600×250×200	15.36	—	—	450	12.77	450	22.37	450	28.15
9	700×250×200	17.34	—	—	500	16.25	500	27.69	500	37.72
10	800×250×200	19.29	—	—	560	19.44	560	35.90	560	49.50

续表

名称	塑料条缝槽边抽风罩				塑料圆伞形风帽		塑料锥形风帽		塑料筒形风帽	
图号	（环形）T451-5				T654-1		T654-2		T654-3	
序号	尺寸（mm） $D \times E \times F$	kg/个	尺寸（mm） $D \times E \times F$	kg/个	尺寸 D（mm）	kg/个	尺寸 D（mm）	kg/个	尺寸 D（mm）	kg/个
11	900×250×200	21.12	—	—	630	26.87	630	53.17	630	61.96
12	1000×250×200	22.92	—	—	700	36.58	700	64.89	700	82.21
13	500×250×250	15.51	—	—	800	45.59	800	32.55	800	105.45
14	600×250×250	17.59	—	—	900	57.98	900	102.86	900	132.04

名称	铝板圆伞形风帽		铝制蝶阀							
图号	T609		圆形 T302-7		方形 T302-8		矩形 T302-9			
序号	尺寸 D（mm）	kg/个	尺寸 D（mm）	kg/个	尺寸（mm） $A \times A$	kg/个	尺寸（mm） $A \times B$	kg/个	尺寸（mm） $A \times B$	kg/个
1	200	1.12	100	0.71	120×120	1.04	200×250	1.81	630×800	11.09
2	220	1.27	120	0.81	160×160	1.31	200×320	2.06	—	—

续表

名称	铝板圆伞形风帽		铝制蝶阀							
图号	T609		圆形 T302-7		方形 T302-8		矩形 T302-9			
序号	尺寸 D (mm)	kg/个	尺寸 D (mm)	kg/个	尺寸 (mm) $A\times A$	kg/个	尺寸 (mm) $A\times B$	kg/个	尺寸 (mm) $A\times B$	kg/个
3	250	1.53	140	0.92	200×200	1.59	200×400	2.36	—	—
4	280	1.82	160	1.02	250×250	2.00	200×500	3.47	—	—
5	320	2.25	180	1.13	320×320	2.57	250×320	2.27	—	—
6	360	2.75	200	1.25	400×400	3.59	250×400	2.59	—	—
7	400	3.25	220	1.35	500×500	6.43	250×500	3.77	—	—
8	450	4.22	250	1.53	630×630	9.19	250×630	4.76	—	—
9	500	6.01	280	2.26	—	—	320×400	4.40	—	—
10	560	6.09	320	2.56	—	—	320×500	5.03	—	—
11	630	7.68	360	2.88	—	—	320×630	6.21	—	—
12	700	9.22	400	3.22	—	—	320×800	8.02	—	—

续表

名称	铝板圆伞形风帽		铝制蝶阀							
图号	T609		圆形 T302-7		方形 T302-8		矩形 T302-9			
序号	尺寸 D (mm)	kg/个	尺寸 D (mm)	kg/个	尺寸 (mm) $A \times A$	kg/个	尺寸 (mm) $A \times B$	kg/个	尺寸 (mm) $A \times B$	kg/个
13	800	14.74	450	3.87	—	—	400×500	5.60	—	—
14	900	18.27	500	4.75	—	—	400×630	6.88	—	—
15	1000	21.92	560	5.37	—	—	400×800	8.81	—	—
16	1120	27.33	630	6.72	—	—	500×630	7.71	—	—
17	1250	33.46	—	—	—	—	500×800	9.83	—	—

注：1. 矩形风管三通调节阀不分手柄式与拉杆式，其质量相同。

2. 电动密闭式对开多叶调节阀质量，应在手动式质量的基础上每个加 5.5kg。

3. 手动对开式多叶调节阀与电动式质量相同。

4. 风管防火阀不包括阀体质量，阀体质量应按设计图纸以实计算。

5. 片式消声器不包括外壳及密闭门质量。

4.3 通风管道及部件

4.3.1 圆形风管刷油面积

圆形风管刷油面积 **表 4-9**

风管直径（mm）	面积（m^2） 长度基数（m）								
	10	20	30	40	50	60	70	80	90
80	2.51	5.02	7.53	10.04	12.55	15.06	17.57	20.08	22.59
90	2.83	5.66	8.49	11.32	14.15	16.98	19.81	22.61	25.47
100	3.14	6.28	9.42	12.56	15.70	18.84	21.98	25.12	28.26
110	3.46	6.92	10.38	13.84	17.30	20.76	24.22	27.68	31.14
120	3.77	7.54	11.31	15.08	18.85	22.62	26.39	30.16	33.93
130	4.08	8.16	12.24	16.32	20.40	24.48	28.56	32.64	36.72

续表

风管直径 (mm)	面积（m^2）								
	长度基数（m）								
	10	20	30	40	50	60	70	80	90
140	4.40	8.80	13.20	17.60	22.0	26.40	30.80	35.20	39.60
150	4.71	9.42	14.13	18.84	23.55	28.26	32.97	37.68	42.39
160	5.03	10.06	15.09	20.12	25.15	30.18	35.21	40.24	45.27
170	5.34	10.68	16.02	21.36	26.70	32.04	37.38	42.72	48.06
180	5.65	11.30	16.95	22.60	28.25	33.90	39.55	45.20	50.85
200	6.28	12.56	18.84	25.12	31.40	37.68	43.96	50.24	56.52
210	6.60	13.20	19.80	26.40	33.0	39.60	46.20	52.80	59.40
220	6.91	13.82	20.73	27.64	34.55	41.46	48.37	55.28	62.19
240	7.54	15.08	22.62	30.16	37.70	45.24	52.78	60.32	67.86

续表

风管直径 (mm)	面积（m^2）								
	长度基数（m）								
	10	20	30	40	50	60	70	80	90
250	7.85	15.70	23.55	31.40	39.25	47.10	54.95	62.80	70.65
260	8.17	16.34	24.51	32.68	40.85	49.02	57.19	65.36	73.53
280	8.80	17.60	26.40	35.20	44.0	52.80	61.60	70.40	79.20
300	9.42	18.84	28.26	37.68	47.10	56.52	65.94	75.36	84.78
320	10.05	20.10	30.15	40.20	50.25	60.30	70.35	80.40	90.45
340	10.68	21.36	32.04	42.72	53.40	64.08	74.76	85.44	96.12
360	11.31	22.62	33.93	45.24	56.55	67.86	79.17	90.48	101.73
380	11.94	23.88	35.82	47.76	59.70	71.64	83.58	95.52	107.46
400	12.57	25.14	37.71	50.28	62.85	75.42	87.99	100.56	113.13

续表

风管直径（mm）	面积（m^2）								
	长度基数（m）								
	10	20	30	40	50	60	70	80	90
420	13.19	26.38	39.57	52.76	65.95	79.14	92.33	105.52	118.71
450	14.14	28.28	42.42	56.56	70.70	84.84	98.98	113.12	127.26
480	15.08	30.16	45.24	60.32	75.40	90.48	105.56	120.64	135.72
500	15.71	31.42	47.13	62.84	78.55	94.26	109.97	125.68	141.39
560	17.59	35.18	52.77	70.36	87.95	105.54	123.13	140.72	158.31
600	18.85	37.70	56.55	75.40	94.25	113.1	131.95	150.8	169.65
630	19.79	39.58	59.37	79.16	98.95	118.74	138.53	158.32	178.11
670	21.05	42.10	63.15	84.20	105.25	126.30	147.85	168.40	189.45
700	21.99	43.98	65.97	87.96	109.95	131.94	153.93	175.92	197.91

续表

风管直径 (mm)	面积（m^2）								
	长度基数（m）								
	10	20	30	40	50	60	70	80	90
750	23.56	47.12	70.68	94.24	117.80	141.36	164.92	188.48	212.04
800	25.13	50.26	75.39	100.52	125.65	150.78	175.91	201.04	226.17
850	26.70	53.40	80.10	106.80	133.50	160.20	186.90	213.60	240.30
900	28.27	56.54	84.81	113.08	141.35	169.62	197.89	226.16	254.43
950	29.85	59.70	89.55	119.40	149.25	179.10	208.95	238.80	268.65
1000	31.40	62.80	94.20	125.60	157.00	188.40	219.80	251.20	282.60
1060	33.30	66.60	99.90	133.20	166.50	199.80	233.10	260.40	299.70
1120	35.19	70.38	105.57	140.76	175.95	211.14	246.33	281.52	316.71
1180	37.07	74.14	111.21	148.28	185.35	222.42	259.49	296.56	333.63

续表

风管直径 (mm)	面积（m²） 长度基数（m）								
	10	20	30	40	50	60	70	80	90
1250	39.27	78.54	117.81	157.08	196.35	235.62	274.89	314.16	353.43
1320	41.47	82.94	124.41	165.88	207.35	248.82	290.29	331.76	373.23
1400	43.98	87.96	131.94	175.92	219.90	263.88	307.86	351.84	395.82
1500	47.12	94.24	141.36	188.48	235.60	282.72	329.84	376.96	424.08
1600	50.27	10.54	150.81	201.08	251.35	301.62	351.89	402.16	452.43
1700	53.41	106.82	160.23	213.64	267.05	320.46	373.87	427.28	480.69
1800	56.55	113.1	169.65	226.20	282.75	339.30	395.85	452.40	508.95
1900	59.69	119.38	179.07	238.76	298.45	358.14	417.83	477.52	537.21
2000	62.83	125.66	188.49	251.32	314.15	376.98	439.81	502.64	565.47

4.3.2 矩形风管刷油面积

矩形风管刷油面积 **表 4-10**

风管周长 (mm)	面积 (m²)								
	长度基数 (m)								
	10	20	30	40	50	60	70	80	90
800	8.0	16.0	24.0	32.0	40.0	48.0	56.0	94.0	72.0
1200	12.0	24.0	36.0	48.0	60.0	72.0	84.0	96.0	108.0
1800	18.0	36.0	54.0	72.0	90.0	108.0	126.0	144.0	162.0
1960	19.6	39.20	58.80	78.40	98.0	117.60	137.20	156.80	176.40
2400	24.0	48.0	72.0	96.0	120.0	144.0	168.0	192.0	216.0
3000	30.0	60.0	90.0	120.0	150.0	180.0	210.0	240.0	270.0
3200	32.0	64.0	96.0	128.0	160.0	192.0	224.0	256.0	288.0
4000	40.0	80.0	120.0	160.0	200.0	240.0	280.0	320.0	360.0
4800	48.0	96.0	144.0	192.0	240.0	288.0	336.0	384.0	432.0
5000	50.0	100.0	150.0	200.0	250.0	300.0	350.0	400.0	450.0
6000	60.0	120.0	180.0	240.0	300.0	420.0	420.0	480.0	540.0

4.3.3 矩形风管保温体积

每 10m 矩形风管保温工程量（m³） **表 4-11**

风管规格（mm）A×B	保温层厚度（mm）								
	10	15	20	25	30	35	40	45	50
120×120	0.052	0.081	0.112	0.145	0.180	0.217	0.256	0.297	0.340
160×120	0.060	0.093	0.128	0.165	0.204	245	0.288	0.333	0.380
160×160	0.068	0.105	0.144	0.185	0.228	0.273	0.320	0.369	0.420
200×120	0.068	0.105	0.144	0.185	0.228	0.273	0.320	0.369	0.420
200×160	0.076	0.117	0.160	0.205	0.252	0.301	0.352	0.405	0.460
200×200	0.084	0.129	0.176	0.225	0.276	0.329	0.384	0.441	0.500
250×120	0.078	0.120	0.164	0.210	0.258	0.308	0.360	0.414	0.470
250×160	0.086	0.132	0.180	0.230	0.282	0.336	0.392	0.450	0.510
250×200	0.094	0.144	0.169	0.250	0.306	0.364	0.424	0.486	0.55

续表

风管规格 (mm) $A \times B$	保温层厚度（mm）								
	10	15	20	25	30	35	40	45	50
250×250	0.104	0.159	0.216	0.275	0.336	0.399	0.464	0.531	0.60
320×160	0.100	0.153	0.208	0.265	0.324	0.385	0.448	0.513	0.580
320×200	0.108	0.165	0.224	0.285	0.348	0.413	0.480	0.549	0.62
320×250	0.118	0.180	0.244	0.310	0.378	0.448	0.520	0.594	0.670
320×320	0.132	0.201	0.272	0.345	0.420	0.497	0.576	0.657	0.74
400×200	0.124	0.189	0.256	0.325	0.396	0.469	0.544	0.621	0.70
400×250	0.134	0.204	0.276	0.350	0.426	0.504	0.584	0.666	0.750
400×320	0.148	0.225	0.304	0.385	0.468	0.553	0.640	0.729	0.820
400×400	0.164	0.249	0.336	0.425	0.516	0.609	0.704	0.801	0.9
500×200	0.144	0.219	0.296	0.375	0.456	0.539	0.624	0.711	0.8

续表

风管规格 (mm) $A\times B$	保温层厚度（mm）								
	10	15	20	25	30	35	40	45	50
500×250	0.154	0.234	0.316	0.4	0.486	0.574	0.664	0.756	0.85
500×320	0.168	0.255	0.344	0.435	0.528	0.623	0.72	0.819	0.92
500×400	0.184	0.279	0.376	0.475	0.576	0.679	0.784	0.891	1
500×500	0.204	0.309	0.416	0.525	0.636	0.749	0.864	0.981	1.1
630×250	0.18	0.273	0.368	0.465	0.564	0.665	0.768	0.873	0.98
630×320	0.194	0.294	0.396	0.5	0.606	0.714	0.824	0.936	0.05
630×400	0.21	0.318	0.428	0.54	0.654	0.77	0.888	1.008	1.13
630×500	0.23	0.348	0.468	0.59	0.714	0.84	0.968	1.098	1.23
630×630	0.256	0.387	0.52	0.655	0.792	0.931	1.072	1.215	1.36
800×320	0.228	0.345	0.464	0.585	0.708	0.833	0.96	1.089	1.22

续表

风管规格 (mm) $A \times B$	保温层厚度（mm）								
	10	15	20	25	30	35	40	45	50
800×400	0.244	0.369	0.496	0.625	0.756	0.889	1.024	1.161	1.3
800×500	0.264	0.399	0.536	0.675	0.816	0.959	1.104	1.251	1.4
800×630	0.29	0.438	0.588	0.74	0.894	1.05	1.208	1.368	1.53
800×800	0.324	0.489	0.656	0.825	0.996	1.169	1.344	1.521	1.7
1000×320	0.268	0.405	0.544	0.685	0.828	0.973	1.12	1.269	1.42
1000×400	0.284	0.429	0.576	0.725	0.876	1.029	1.184	1.341	1.5
1000×500	0.304	0.459	0.616	0.755	0.936	1.099	1.264	1.431	1.6
1000×630	0.33	0.498	0.668	0.84	1.014	1.19	1.368	1.548	1.73
1000×800	0.364	0.549	0.736	0.925	1.116	1.309	1.504	1.701	1.9
1000×1000	0.404	0.609	0.816	1.025	1.236	1.449	1.664	1.881	2.1
1250×400	0.334	0.504	0.676	0.85	1.026	1.204	1.384	1.566	1.75

续表

风管规格（mm）$A\times B$	保温层厚度（mm）								
	10	15	20	25	30	35	40	45	50
1250×500	0.354	0.534	0.716	0.9	1.086	1.274	1.464	1.656	1.85
1250×630	0.38	0.573	0.768	0.965	1.164	1.365	1.568	1.773	1.98
1250×800	0.414	0.624	0.836	1.05	1.266	1.484	1.704	1.926	2.15
1250×1000	0.454	0.684	0.916	1.15	1.386	1.624	1.864	2.106	2.35
1600×500	0.424	0.639	0.856	1.075	1.296	1.519	1.744	1.971	2.2
1600×630	0.45	0.678	0.908	1.14	1.374	1.61	1.848	2.088	2.33
1600×800	0.484	0.729	0.976	1.225	1.476	1.729	1.984	2.241	2.5
1600×1000	0.524	0.789	1.056	1.325	1.596	1.869	2.144	2.421	2.7
1600×1250	0.574	0.864	1.156	1.45	1.746	2.044	2.344	2.646	2.95
2000×800	0.564	0.849	1.136	1.425	1.716	2.009	2.304	2.601	2.9
2000×1000	0.604	0.909	1.216	1.525	1.836	2.149	2.464	2.781	3.1
2000×1250	0.654	0.984	1.316	1.65	1.986	2.324	2.664	3.006	3.35

4.4 建筑通风空调工程量清单计算规则

4.4.1 通风及空调设备及部件制作安装

通风及空调设备及部件制作安装（编码：030701） **表 4-12**

项目编码	项目名称	项目特征	计量单位	工程量计算规则	工程内容
030701001	空气加热器（冷却器）	1. 名称 2. 型号 3. 规格 4. 质量 5. 安装形式 6. 支架形式、材质	台	按设计图示数量计算	1. 本体安装、调试 2. 设备支架制作、安装 3. 补刷（喷）油漆
030701002	除尘设备				

续表

项目编码	项目名称	项目特征	计量单位	工程量计算规则	工程内容
030701003	空调器	1. 名称 2. 型号 3. 规格 4. 安装形式 5. 质量 6. 隔振垫（器）、支架形式、材质	台（组）	按设计图示数量计算	1. 本体安装或组装、调试 2. 设备支架制作、安装 3. 补刷（喷）油漆
030701004	风机盘算	1. 名称 2. 型号 3. 规格 4. 安装形式 5. 减振器、支架形式、材质 6. 试压要求	台		1. 本体安装、调试 2. 支架制作、安装 3. 试压 4. 补刷（喷）油漆

续表

项目编码	项目名称	项目特征	计量单位	工程量计算规则	工程内容
030701005	表冷器	1. 名称 2. 型号 3. 规格	台	按设计图示数量计算	1. 本体安装 2. 型钢制作、安装 3. 过滤器安装 4. 挡水板安装 5. 调试及运转 6. 补刷(喷)油漆
030701006	密闭门	1. 名称 2. 型号 3. 规格 4. 形式 5. 支架形式、材质	个		1. 本体制作 2. 本体安装 3. 支架制作、安装
030701007	挡水板				
030701008	滤水器、溢水盘				
030701009	金属壳体				

续表

项目编码	项目名称	项目特征	计量单位	工程量计算规则	工程内容
030701010	过滤器	1. 名称 2. 型号 3. 规格 4. 类型 5. 框架形式、材质	1. 台 2. m^2	1. 以台计量，按设计图示数量计算 2. 以面积计算，按设计图示尺寸以过滤面积计算	1. 本体安装 2. 框架制作、安装 3. 补刷（喷）油漆
030701011	净化工作台	1. 名称 2. 型号 3. 规格 4. 类型	台	按设计图示数量计算	1. 本体安装 2. 补刷（喷）油漆

续表

项目编码	项目名称	项目特征	计量单位	工程量计算规则	工程内容
030701012	风淋室	1. 名称 2. 型号 3. 规格 4. 类型 5. 质量	台	按设计图示数量计算	1. 本体安装 2. 补刷（喷）油漆
030701013	洁净室				
030701014	除湿机	1. 名称 2. 型号 3. 规格 4. 类型			本体安装
030701015	人防过滤吸收器	1. 名称 2. 规格 3. 形式 4. 材质 5. 支架形式、材质			1. 过滤吸收器安装 2. 支架制作、安装

注：通风空调设备安装的地脚螺栓按设备自带考虑。

4.4.2 通风管道制作安装

通风管道制作安装（编码：030702）　　表 4-13

项目编码	项目名称	项目特征	计量单位	工程量计算规则	工程内容
030702001	碳钢通风管道	1. 名称 2. 材质 3. 形状 4. 规格 5. 板材厚度 6. 管件、法兰等附件及支架设计要求 7. 接口形式	m^2	按设计图示内径尺寸以展开面积计算	1. 风管、管件、法兰、零件、支吊架制作、安装 2. 过跨风管落地支架制作、安装
030702002	净化通风管道				

续表

项目编码	项目名称	项目特征	计量单位	工程量计算规则	工程内容
030702003	不锈钢板通风管道	1. 名称 2. 形状 3. 规格 4. 板材厚度 5. 管件、法兰等附件及支架设计要求 6. 接口形式	m^2	按设计图示内径尺寸以展开面积计算	1. 风管、管件、法兰、零件、支吊架制作、安装 2. 过跨风管落地支架制作、安装
030702004	铝板通风管道				
030702005	塑料通风管道				

续表

项目编码	项目名称	项目特征	计量单位	工程量计算规则	工程内容
030702006	玻璃钢通风管道	1. 名称 2. 形状 3. 规格 4. 板材厚度 5. 支架形式、材质 6. 接口形式	m^2	按设计图示外径尺寸以展开面积计算	1. 风管、管件安装 2. 支吊架制作、安装 3. 过跨风管落地支架制作、安装
030702007	复合型风管	1. 名称 2. 材质 3. 形状 4. 规格 5. 板材厚度 6. 接口形式 7. 支架形式、材质			

续表

项目编码	项目名称	项目特征	计量单位	工程量计算规则	工程内容
030702008	柔性软风管	1. 名称 2. 材质 3. 规格 4. 风管接头、支架形式、材质	1. m 2. 节	1. 以米计量，按设计图示中心线以长度计算 2. 以节计量，按设计图示数量计算	1. 风管安装 2. 风管接头安装 3. 支吊架制作、安装
030702009	弯头导流叶片	1. 名称 2. 材质 3. 规格 4. 形式	1. m 2. 组	1. 以面积计量，按设计图示以展开面积平方米计算 2. 以组计量，按设计图示数量计算	1. 制作 2. 组装

续表

项目编码	项目名称	项目特征	计量单位	工程量计算规则	工程内容
030702010	风管检查	1. 名称 2. 材质 3. 规格	1. kg 2. 个	1. 以千克计量，按风管检查孔质量计算 2. 以个计量，按设计图示数量计算	1. 制作 2. 安装
030702011	温度、风量测定孔	1. 名称 2. 材质 3. 规格 4. 设计要求	个	按设计图示数量计算	1. 制作 2. 安装

注：1. 风管展开面积，不扣除检查孔、测定孔、送风口、吸风口等所占面积；风管长度一律以设计图示中心线长度为准（主管与支管以其中心线交点划分），包括弯头、三通、变径管、天圆地方等管件的长度，但不包括部件所占的长度。风管展开面积不包括风管、管口重叠部分面积。风管渐缩管：圆形风管按平均直径；矩形风管按平均周长。

2. 穿墙套管按展开面积计算，计入通风管道工程量中。

3. 通风管道的法兰垫料或封口材料，按图纸要求应在项目特征中描述。

4. 净化通风管的空气洁净度按 100000 级标准编制，净化通风管使用的型钢材料如要求镀锌时，工作内容应注明支架镀锌。

5. 弯头导流叶片数量，按设计图纸或规范要求计算。

6. 风管检查孔、温度测定孔、风量测定孔数量，按设计图纸或规范要求计算。

4.4.3 通风管道部件制作安装

通风管道部件制作安装（编码：030703） **表 4-14**

项目编码	项目名称	项目特征	计量单位	工程量计算规则	工程内容
030703001	碳钢阀门	1. 名称 2. 型号 3. 规格 4. 质量 5. 类型 6. 支架形式、材质	个	按设计图示数量计算	1. 阀体制作 2. 阀体安装 3. 支架制作、安装
030703002	柔性软风管阀门	1. 名称 2. 规格 3. 材质 4. 类型			阀体安装

续表

项目编码	项目名称	项目特征	计量单位	工程量计算规则	工程内容
030703003	铝蝶阀	1. 名称 2. 规格 3. 质量 4. 类型	个	按设计图示数量计算	阀体安装
030703004	不锈钢蝶阀				
030703005	塑料阀门	1. 名称 2. 型号 3. 规格 4. 类型			
030703006	玻璃钢蝶阀				

续表

项目编码	项目名称	项目特征	计量单位	工程量计算规则	工程内容
030703007	碳钢风口、散流器、百叶窗	1. 名称 2. 型号 3. 规格 4. 质量 5. 类型 6. 形式	个	按设计图示数量计算	1. 风口制作、安装 2. 散流器制作、安装 3. 百叶窗安装
030703008	不锈钢风口、散流器、百叶窗	1. 名称 2. 型号 3. 规格 4. 质量 5. 类型 6. 形式			
030703009	塑料风口、散流器、百叶窗				

续表

项目编码	项目名称	项目特征	计量单位	工程量计算规则	工程内容
030703010	玻璃钢风口	1. 名称 2. 型号 3. 规格 4. 类型 5. 形式	个	按设计图示数量计算	风口安装
030703011	铝及铝合金风口、散流器				1. 风口制作、安装 2. 散流器制作、安装
030703012	碳钢风帽	1. 名称 2. 规格 3. 质量 4. 类型 5. 形式 6. 风帽筝绳、泛水设计要求			1. 风帽制作、安装 2. 筒形风帽滴水盘制作、安装 3. 风帽筝绳制作、安装 4. 风帽泛水制作、安装
030703013	不锈钢风帽				
030703014	塑料风帽				

续表

项目编码	项目名称	项目特征	计量单位	工程量计算规则	工程内容
030703015	铝板伞形风帽	1. 名称 2. 规格 3. 质量 4. 类型 5. 形式 6. 风帽筝绳、泛水设计要求	个	按设计图示数量计算	1. 板伞形风帽制作、安装 2. 风帽筝绳制作、安装 3. 风帽泛水制作、安装
030703016	玻璃钢风帽				1. 玻璃钢风帽安装 2. 筒形风帽滴水盘安装 3. 风帽筝绳安装 4. 风帽泛水安装

续表

项目编码	项目名称	项目特征	计量单位	工程量计算规则	工程内容
030703017	碳钢罩类	1. 名称 2. 型号 3. 规格 4. 质量 5. 类型 6. 形式	个	按设计图示数量计算	1. 罩类制作 2. 罩类安装
030703018	塑料罩类				
030703019	柔性接口	1. 名称 2. 规格 3. 材质 4. 类型 5. 形式	m^2	按设计图示尺寸以展开面积计算	1. 柔性接口制作 2. 柔性接口安装

续表

项目编码	项目名称	项目特征	计量单位	工程量计算规则	工程内容
030703020	消声器	1. 名称 2. 规格 3. 材质 4. 形式 5. 质量 6. 支架形式、材质	个	按设计图示数量计算	1. 消声器制作 2. 消声器安装 3. 支架制作安装
030703021	静压箱	1. 名称 2. 规格 3. 形式 4. 材质 5. 支架形式、材质	1. 个 2. m^2	1. 以个计量，按设计图示数量计算 2. 以平方米计量，按设计图示尺寸以展开面积计算	1. 静压箱制作、安装 2. 支架制作、安装

续表

项目编码	项目名称	项目特征	计量单位	工程量计算规则	工程内容
030703022	人防超压自动排气阀	1. 名称 2. 型号 3. 规格 4. 类型	个	按设计图示数量计算	安装
030703023	人防手动密闭阀	1. 名称 2. 型号 3. 规格 4. 支架形式、材质	个	按设计图示数量计算	1. 密闭阀安装 2. 支架制作、安装
030703024	人防其他部件	1. 名称 2. 型号 3. 规格 4. 类型	个（套）	按设计图示数量计算	安装

注：1. 碳钢阀门包括：空气加热器上通阀、空气加热器旁通阀、圆形瓣式启动阀、风管蝶阀、风管止回阀、密闭式斜插板阀、矩形风管三通调节阀、对开多叶调节阀、风管防火阀、各型风罩调节阀等。

2. 塑料阀门包括：塑料蝶阀、塑料插板阀、各型风罩塑料调节阀。

3. 碳钢风口、散流器、百叶窗包括：百叶风口、矩形送风口、矩形空气分布器、风管插板风口、旋转吹风口、圆形散流器、方形散流器、流线型散流器、送吸风口、活动箅式风口、网式风口、钢百叶窗等。

4. 碳钢罩类包括：皮带防护罩、电动机防雨罩、侧吸罩、中小型零件焊接台排气罩、整体分组式槽边侧吸罩、吹吸式槽边通风罩、条缝槽边抽风罩、泥心烘炉排气罩、升降式回转排气罩、上下吸式圆形回转罩、升降式排气罩、手锻炉排气罩。

5. 塑料罩类包括：塑料槽边侧吸罩、塑料槽边风罩、塑料条缝槽边抽风罩。

6. 柔性接口包括：金属、非金属软接口及伸缩节。

7. 消声器包括：片式消声器、矿棉管式消声器、聚酯泡沫管式消声器、卡普隆纤维管式消声器、弧形声流式消声器、阻抗复合式消声器、微穿孔板消声器、消声弯头。

8. 通风部件如图纸要求制作安装或用成品部件只安装不制作，这类特征在项目特征中应明确描述。

9. 静压箱的面积计算；按设计图示尺寸以展开面积计算，不扣除开口的面积。

4.4.4 通风工程检测、调试

通风工程检测、调试（编码：030704） **表 4-15**

项目编码	项目名称	项目特征	计量单位	工程量计算规则	工程内容
030704001	通风工程检测、调试	风管工程量	系统	按通风系统计算	1. 通风管道风量测定 2. 风压测定 3. 温度测定 4. 各系统风口、阀门调整
030704002	风管漏光试验、漏风试验	漏光试验、漏风试验、设计要求	m^2	按设计图纸或规范要求以展开面积计算	通风管道漏光试验、漏风试验

4.4.5 相关问题说明

相关问题说明 **表 4-16**

序号	相关说明
1	通风空调工程适用于通风（空调）设备及部件、通风管道及部件的制作安装工程
2	冷冻机组站内的设备安装、通风机安装及人防两用通风机安装，应按《通用安装工程工程量计算规范》GB 50856—2013 的附录 A 机械设备安装厂程相关项目编码列项
3	冷冻机组站内的管道安装，应按《通用安装工程工程量计算规范》GB 50856—2013 的附录 H 工业管道工程相关项目编码列项
4	冷冻站外墙皮以外通往通风空调设备的供热、供冷、供水等管道，应按《通用安装工程工程量计算规范》GB 50856—2013 的附录 K 给排水、采暖、燃气工程相关项目编码列项
5	设备和支架的除锈、刷漆、保温及保护层安装，应按《通用安装工程工程量计算规范》GB 50856—2013 的附录 M 刷油、防腐蚀、绝热工程相关项目编码列项

4.5 主要材料损耗率

4.5.1 风管、部件板材的损耗率

风管、部件板材的损耗率 表 4-17

序号	项　　目	损耗率（%）	备注
钢板部分			
1	咬口通风管道	13.8	综合厚度
2	焊接通风管道	10.8	综合厚度
3	圆形阀门	14.0	综合厚度
4	方形、矩形阀门	8.0	综合厚度
5	风管插板式风口	13.0	综合厚度
6	网式风口	13.0	综合厚度
7	单层、双层、三层百叶风口	13.0	综合厚度
8	联动百叶风口	13.0	综合厚度

续表

序号	项目	损耗率（%）	备注
	钢板部分		
9	钢百叶窗	13.0	综合厚度
10	活动箅板式风口	13.0	综合厚度
11	矩形风口	13.0	综合厚度
12	单面送吸风口	20.0	δ=0.7～0.9mm
13	双面送吸风口	16.0	δ=0.7～0.9mm
14	单双面送吸风口	8.0	δ=1～1.5mm
15	带调节板活动百叶送风口	13.0	综合厚度
16	矩形空气分布器	14.0	综合厚度
17	旋转吹风口	12.0	综合厚度
18	圆形、方形直片散流器	45.0	综合厚度
19	流线型散流器	45.0	综合厚度

续表

序号	项　　目	损耗率（%）	备注
钢板部分			
20	135 型单层、双层百叶风口	13.0	综合厚度
21	135 型带导流片百叶风口	13.0	综合厚度
22	圆伞形风帽	28.0	综合厚度
23	锥形风帽	26.0	综合厚度
24	筒形风帽	14.0	综合厚度
25	筒形风帽滴水盘	35.0	综合厚度
26	风帽泛水	42.0	综合厚度
27	风帽筝绳	4.0	综合厚度
28	升降式排气罩	18.0	综合厚度
29	上吸式侧吸罩	21.0	综合厚度
30	下吸式侧吸罩	22.0	综合厚度

续表

序号	项目	损耗率（%）	备注
	钢板部分		
31	上、下吸式圆形回转罩	22.0	综合厚度
32	手锻炉排气罩	10.0	综合厚度
33	升降式回转排气罩	18.0	综合厚度
34	整体、分组、吹吸侧边侧吸罩	10.15	综合厚度
35	各型风罩调节阀	10.15	综合厚度
36	皮带防护罩	18.0	综合厚度
37	皮带防护罩	9.35	δ=4.0mm
38	电动机防雨罩	33.0	δ=1～1.5mm
39	电动机防雨罩	10.6	δ=4mm以上
40	中小型零件焊接工作台排气罩	21.0	综合厚度

续表

序号	项目	损耗率（%）	备注
钢板部分			
41	泥心烘炉排气罩	12.5	综合厚度
42	各式消声器	13.0	综合厚度
43	空调设备	13.0	δ=1mm 以下
44	空调设备	8.0	δ=1.5～3.0mm
45	设备支架	4.0	综合厚度
塑料部分			
46	塑料圆形风管	16.0	综合厚度
47	塑料矩形风管	16.0	综合厚度
48	圆形蝶阀（外框短管）	16.0	综合厚度
49	圆形蝶阀（闸板）	31.0	综合厚度

续表

序号	项　目	损耗率（%）	备注
	塑料部分		
50	矩形蝶阀	16.0	综合厚度
51	插板阀	16.0	综合厚度
52	槽边侧吸罩、风罩调节阀	22.0	综合厚度
53	整体槽边侧吸罩	22.0	综合厚度
54	条缝槽边侧吸罩（各型）	22.0	综合厚度
55	塑料风帽（各种类型）	22.0	综合厚度
56	插板式侧面风口	16.0	综合厚度
57	空气分布器类	20.0	综合厚度
58	直片式散流器	22.0	综合厚度
59	柔性接口及伸缩节	16.0	综合厚度

续表

序号	项　　目	损耗率（%）	备注
净化部分			
60	净化风管	14.9	综合厚度
61	净化铝板风口类	38.0	综合厚度
不锈钢板部分			
62	不锈钢板通风管道	8.0	$\delta=4\sim10$mm $\delta=1\sim3$mm
63	不锈钢板圆形法兰	150.0	
64	不锈钢板风口类	8.0	
铝板部分			
65	铝板通风管道	8.0	$\delta=4\sim12$mm $\delta=3\sim6$mm
66	铝板圆形法兰	150.0	
67	铝板风帽	14.0	

4.5.2 型钢及其他材料损耗率

型钢及其他材料损耗率　　　表 4-18

序号	项　　目	损耗率（%）
1	型钢	4.0
2	安装用螺栓 M12 以下	4.0
3	安装用螺栓 M13 以上	2.0
4	螺母	6.0
5	整圈 ϕ12 以下	6.0
6	自攻螺钉、木螺钉	4.0
7	铆钉	10.0
8	开口销	6.0
9	橡胶板	15.0
10	石棉橡胶板	15.0
11	石棉板	15.0
12	电焊条	5.0
13	气焊条	2.5
14	氧气	18.0
15	乙炔气	18.0
16	管材	4.0
17	镀锌钢丝网	20.0
18	帆布	15.0
19	玻璃板	20.0

续表

序号	项　　目	损耗率（%）
20	玻璃棉、毛毡	5.0
21	泡沫塑料	5.0
22	方木	5.0
23	玻璃丝布	15.0
24	矿棉、卡普隆纤维	5.0
25	泡钉、鞋钉、圆钉	10.0
26	胶液	5.0
27	油毡	10.0
28	钢丝	1.0
29	混凝土	5.0
30	塑料焊条	6.0
31	塑料焊条（编网用）	25.0
32	不锈钢型材	4.0
33	不锈钢带母螺栓	4.0
34	不锈钢铆钉	10.0
35	不锈钢电焊条、焊丝	5.0
36	铝焊粉	20.0
37	铝型材	4.0
38	铝带母螺栓	4.0
39	铝铆钉	10.0
40	铝焊条、焊丝	3.0

第5章 建筑采暖工程预算常用资料

5.1 建筑采暖工程常用文字符号及图例

5.1.1 文字符号

文字符号　　表5-1

序号	代号	管道名称	备注
1	RG	采暖热水供水管	可附加1、2、3等表示一个代号、不同参数的多种管道
2	RH	采暖热水回水管	用通过实线、虚线表示供、回关系省略字母G、H

5.1.2 图例

图　　例　　　　表 5-2

序号	名称	图例	备注
1	集气罐、放气阀		
2	自动排气阀		
3	活接头或法兰连接	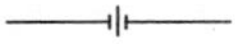	
4	固定支架	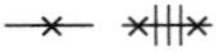	
5	导向支架		
6	活动支架		
7	金属软管		
8	可屈挠橡胶软接头		
9	Y 型过滤器	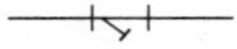	
10	疏水器		
11	减压阀		左高右低
12	直通型（或反冲型）除污器		

续表

序号	名称	图例	备注
13	除垢仪	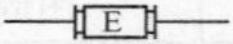	
14	补偿器		
15	矩形补偿器		
16	套管补偿器	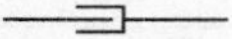	
17	波纹管补偿器	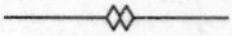	
18	弧形补偿器		
19	球型补偿器		
20	伴热管		
21	保护套管		
22	爆破膜		
23	阻火器		
24	节流孔板、减压孔板	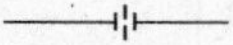	
25	快速接头	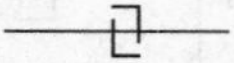	

续表

序号	名称	图例	备注
26	介质流向	→ 或 ⇨	在管道断开处时，流向符号宜标注在管道中心线上，其余可同管径标注位置
27	坡度及坡向	i=0.003 → 或 → i=0.003	坡度数值不宜与管道起、止点标高同时标注。标注位置同管径标注位置

5.2 管道支架预算常用数据

5.2.1 钢管管道支架间距表

钢管管道支架的最大间距　　表 5-3

公称直径（mm）		15	20	25	32	40	50	70
支架的最大间距（m）	保温管	2	2.5	2.5	2.5	3	3	4
	不保温管	2.5	3	3.5	4	4.5	5	6
公称直径（mm）		80	100	125	150	200	250	300
支架的最大间距（m）	保温管	4	4.5	6	7	7	8	8.5
	不保温管	6	6.5	7	8	9.5	11	12

5.2.2 塑料管及复合管管道支架间距表

塑料管及复合管管道支架的最大间距

表 5-4

管径（mm）			12	14	16	18	20	25	32
支架的最大间距（m）	立管		0.5	0.6	0.7	0.8	0.9	1.0	1.1
	水平管	冷水管	0.4	0.4	0.5	0.5	0.6	0.7	0.8
		热水管	0.2	0.2	0.25	0.3	0.3	0.35	0.4

管径（mm）			40	50	63	75	90	110
支架的最大间距（m）	立管		1.3	1.6	1.8	2.0	2.2	2.4
	水平管	冷水管	0.9	1.0	1.1	1.2	1.35	1.55
		热水管	0.5	0.6	0.7	0.8	—	—

5.2.3 排水塑料管管道支、吊架间距表

排水塑料管管道支、吊架的最大间距

表 5-5

管径（mm）		50	75	110	125	160
支架的最大间距（m）	立管	1.2	1.5	2.0	2.0	2.0
	横管	0.5	0.75	1.1	1.3	1.6

5.2.4 铜管管道支架间距表

铜管管道支、吊架的最大间距　表 5-6

管径（mm）		15	20	25	32	40	50
支架的最大间距（m）	立管	1.8	2.4	2.4	3.0	3.0	3.0
	横管	1.2	1.8	1.8	2.4	2.4	2.4
管径（mm）		65	80	100	125	150	200
支架的最大间距（m）	立管	3.5	3.5	3.5	3.5	4.0	4.0
	横管	3.0	3.0	3.0	3.0	3.5	3.5

5.2.5 单管滑动支架在砖墙上安装质量

单管滑动支架在砖墙上安装质量 表 5-7

管径（mm）	滑动支座每个支架质量（kg）		固定支座每个支架质量（kg）	
	保温管	不保温管	保温管	不保温管
15	0.574	0.416	0.489	0.416
20	0.574	0.416	0.598	0.509
25	0.719	0.527	0.923	0.509
32	1.086	0.634	1.005	0.634
40	1.194	0.634	1.565	0.769
50	1.291	0.705	1.715	1.331
70	2.092	1.078	2.885	1.905
80	2.624	1.128	3.487	2.603
100	3.073	2.300	5.678	4.719

续表

管径 (mm)	滑动支座每个支架质量（kg）		固定支座每个支架质量（kg）	
	保温管	不保温管	保温管	不保温管
125	4.709	3.037	7.662	6.085
150	7.638	4.523	8.900	7.170

5.3 散热器

铸铁散热器除锈、刷油面积　　表 5-8

散热器型号	面积（10m²）散热片数（片）								
	10	20	30	40	50	60	70	80	90
方翼大 60	1.170	2.34	3.51	4.68	5.85	7.02	8.19	9.36	10.53
方翼小 60	0.80	1.60	2.40	3.20	4.0	4.80	5.60	6.40	7.20
圆翼 D75	1.80	3.60	5.40	7.20	9.00	10.80	12.60	14.40	16.20
圆翼 D50	1.30	2.60	3.90	5.20	6.50	7.80	9.10	10.40	11.70
M132	0.24	0.48	0.72	0.96	1.20	1.44	1.68	1.92	2.16
二柱 700	0.24	0.48	0.72	0.96	1.20	1.44	1.68	1.92	2.16
四柱 640	0.20	0.40	0.60	0.80	1.00	1.20	1.40	1.60	1.80

续表

散热器型号	面积（10m²）								
	散热片数（片）								
	10	20	30	40	50	60	70	80	90
四柱 813	0.28	0.56	0.84	1.12	1.40	1.62	1.96	2.24	2.52
四柱 760	0.235	0.47	0.795	0.94	1.175	1.41	1.645	1.88	2.115
四柱 800	0.32	0.64	0.96	1.28	1.6	1.92	2.24	2.56	2.88
五柱 813	0.37	0.74	1.11	1.48	1.85	2.22	2.59	2.96	3.33

钢串片散热器除锈、刷油面积及规格

表 5-9

规格（mm×mm）	150×60	150×80	240×100	300×80	500×90	600×120
散热器面积（m²/m）	2.48	3.15	5.72	6.30	7.44	10.60
质量（kg/m）	9.0	10.5	17.4	21.0	30.5	43.0

板式散热器除锈、刷油面积及规格

表 5-10

规格 $H\times L$（mm×mm）		600×600	600×800	600×1000	600×1200
散热器面积（m²/片）		1.58	2.10	2.75	3.27
质量（kg/片）	板厚 1.2mm	9.60	12.2	15.4	18.2
	板厚 1.5mm	11.5	14.6	18.4	21.8

续表

规格 H×L (mm×mm)		600×1400	600×1600	600×1800
散热器面积（m^2/片）		3.93	4.45	5.11
质量（kg/片）	板厚 1.2mm	21.2	24.0	27.3
	板厚 1.5mm	25.4	28.8	32.7

扁管散热器除锈、刷油面积及规格

表 5-11

型号	规格 H×L（mm×mm）	散热器（m^2/片）	质量（kg/片）
单板	416×1000	0.915	12.1
	520×1000	1.151	15.1
	624×1000	1.377	18.1
双板	416×1000	1.834	24.2
	520×1000	2.30	30.2
	624×1000	2.75	36.2
单板带对流片	416×1000	3.62	17.5
	520×1000	4.57	23.0
	624×1000	5.57	27.4
双板带对流片	416×1000	7.24	35.0
	520×1000	9.14	46.0
	624×1000	10.10	54.8

5.4 建筑采暖工程量清单及计算规则

5.4.1 工程量清单

供暖器具（编码：031005） **表 5-12**

项目编码	项目名称	项目特征	计量单位	工程量计算规则	工程内容
031005001	铸铁散热器	1. 型号、规格 2. 安装方式 3. 托架形式 4. 器具、托架除锈、刷油设计要求	片（组）	按设计图示数量计算	1. 组对、安装 2. 水压试验 3. 托架制作、安装 4. 除锈、刷油

续表

项目编码	项目名称	项目特征	计量单位	工程量计算规则	工程内容
031005002	钢制散热器	1. 结构形式 2. 型号、规格 3. 安装方式 4. 托架刷油设计要求	组（片）	按设计图示数量计算	1. 安装 2. 托架安装 3. 托架刷油
0301005003	其他成品散热器	1. 材质、类型 2. 型号、规格 3. 托架刷油设计要求			
031005004	光排管散热器	1. 材质、类型 2. 型号、规格 3. 托架形式及做法 4. 器具、托架除锈、刷油设计要求	m	按设计图示排管长度计算	1. 制作、安装 2. 水压试验 3. 除锈、刷油

续表

项目编码	项目名称	项目特征	计量单位	工程量计算规则	工程内容
031005005	暖风机	1. 质量 2. 型号、规格 3. 安装方式	台	按设计图示数量计算	安装
031005006	地板辐射采暖	1. 保温层材质、厚度 2. 钢丝网设计要求 3. 管道材质、规格 4. 压力试验及吹扫设计要求	1. m^2 2. m	1. 以平方米计量，按设计图示采暖房间净面积计算 2. 以米计量，按设计图示管道长度计算	1. 保温层及钢丝网铺设 2. 管道排布、绑扎、固定 3. 与分集水器连接 4. 水压试验、冲洗 5. 配合地面浇注

续表

项目编码	项目名称	项目特征	计量单位	工程量计算规则	工程内容
031005007	热媒集配装置	1. 材质 2. 规格 3. 附件名称、规格、数量	台	按设计图示数量计算	1. 制作 2. 安装 3. 附件安装
031005008	集气罐	1. 材质 2. 规格	个		1. 制作 2. 安装

注：1. 铸铁散热器，包括拉条制作安装。
2. 钢制散热器结构形式，包括钢制闭式、板式、壁板式、扁管式及柱式散热器等，应分别列项计算。
3. 光排管散热器，包括联管制作安装。
4. 地板辐射采暖，包括与分集水器连接和配合地面浇注用工。

采暖、空调水工程系统调试（编码：031009）　　表 5-13

项目编码	项目名称	项目特征	计量单位	工程量计算规则	工程内容
031009001	采暖工程系统调试	1. 系统形式 2. 采暖（空调水）管道工程量	系统	按采暖工程系统计算	系统调试
031009002	空调水工程系统调试			按空调水工程系统计算	

注：1. 由采暖管道、阀门及供暖器具组成采暖工程系统。
2. 由空调水管道、阀门及冷水机组组成空调水工程系统。
3. 当采暖工程系统、空调水工程系统中管道工程量发生变化时，系统调试费用应作相应调整。
4. 采暖工程管道的工程量清单计算规则见第 2 章第 4 节。

5.4.2 采暖工程立支管工程量计算式

5.4.2.1 管道延长米计算公式

采暖工程管道延长米计算公式表 **表 5-14**

管道名称	安装方式	图示	计算公式
立管	单管跨越式系统	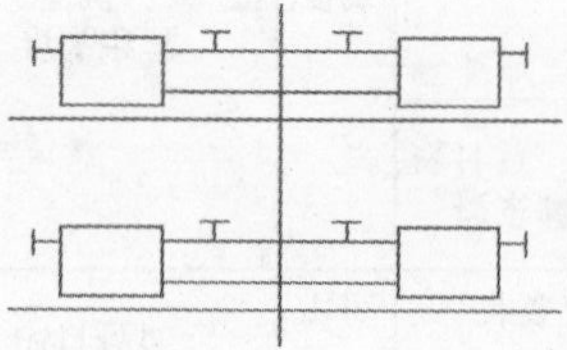	单根立管延长米＝立管上、下端平均标高差＋管道各种煨弯增加长度 立管上、下端平均标高＝（供/回水横干管起点标高＋供/回水横干管终点标高）÷2

续表

管道名称	安装方式	图示	计算公式
立管	单管顺流式系统	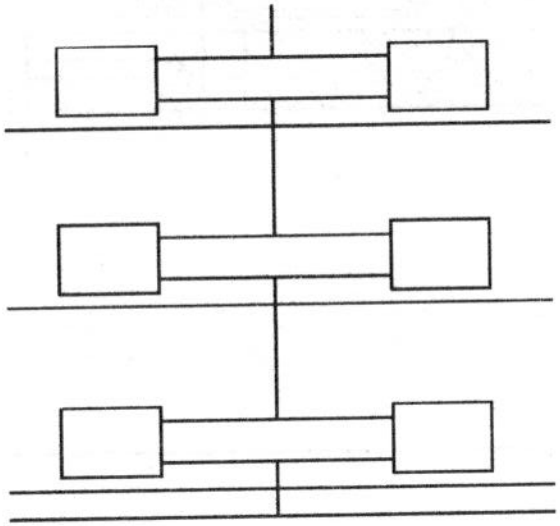	单根立管延长米＝立管上、下端平均标高差＋管道各种煨弯增加长度－散热器上下口中心距×该立管所带散热器数量

续表

管道名称	安装方式	图示	计算公式
支管	立管位于墙角，散热器安装在窗中，单立管单面连接散热器	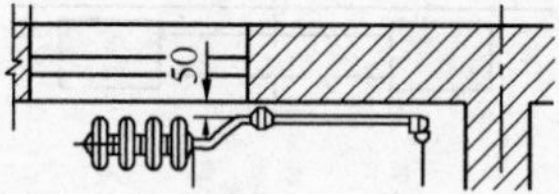	支管长度＝[轴线距窗长度＋半窗宽度－(内半墙厚＋墙皮距立管中心长度）＋乙字弯长度］×2×层数－散热器片总长

续表

管道名称	安装方式	图示	计算公式
支管	立管位于墙角，一根立管双侧安装散热器，散热器距窗中安装	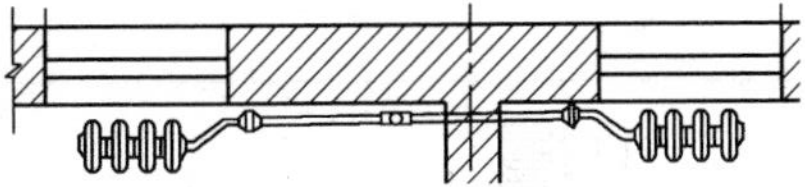	支管长度＝（两窗间墙长度＋1个窗宽尺寸＋2×乙字弯长度）×2×层数－散热器片总长
	立管位于墙角，散热器安装在窗边，单立管单面连接散热器	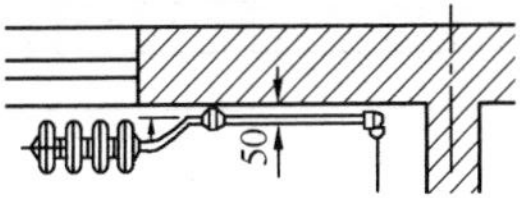	支管长度＝［内墙轴线距窗边长度＋乙字弯长度－（内半墙厚度＋内墙皮距立管中心长度）］×2×层数

续表

管道名称	安装方式	图示	计算公式
支管	散热器安装在内墙左侧，单管单面连接散热器	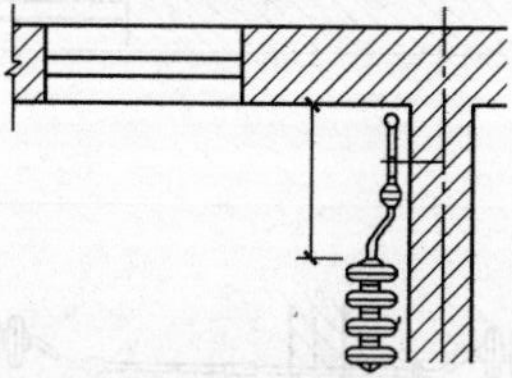	支管长度＝（外墙内侧距散热器边的长度－外墙内侧距立管中心线长度＋乙字弯长度）×2×层数
	立管位于墙角，单立管，双侧连接散热器，散热器在窗边安装	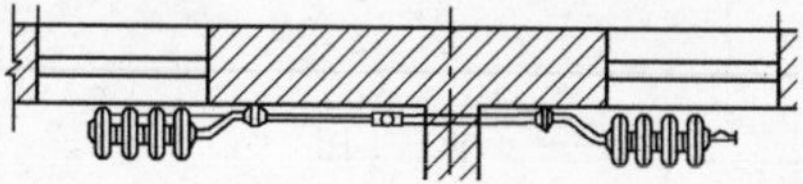	支管长度＝（两窗间墙长度＋乙字弯长度×2）×2×层数

管道各种煨弯增加长度 **表 5-15**

煨弯增加长度（mm） 管道	乙字弯	括弯
立管	60	60
支管	35	50

5.4.2.2 管支架工程量的计算

管支架工程量的计算表 **表 5-16**

计算原则	①散热器支管长度大于1.5m时，应在中间安装管卡。 ②采暖立管管卡的设置，当层高≤5m时，每层设一个；当层高>5m时，不得少于两个。 ③水平钢管支架间距不得大于表5-3～表5-6中的间距。 ④几根水平管共用一个支架且几根管道规格相差不大时，其支架间距取其中较细管的支架间距

续表

管支架数量计算	①立管的支架个数按上述原则设置并计算其个数。 ②水平管支架个数一般可按下述方法计算： a. 固定支架个数按设计图规定个数统计； b. 单管滑动支架个数＝（某规格管道的长度÷该规格管道的最大支架间距）－该管段固定支架个数。若计算结果有小数就进1取整； c. 多管滑动支架个数＝（共架管段长度÷其中较细管的最大支架间距）－该管段固定支架个数。若计算结果有小数就进1取整
管支架质量计算公式	管支架的总质量＝管道固定支架质量＋管道滑动支架质量＝（某规格的管道支架个数×该规格管支架质量） 管支架质量查表

5.5 主要材料损耗率表

建筑采暖工程全统定额主要材料损耗率表　　表 5-17

序号	材料名称	损耗率（%）
1	室内钢管（丝接）	2.0
2	室内钢管（焊接）	2.0
3	室内塑料管	2.0
4	铸铁散热器	1.0
5	光排管散热器	3.0
6	散热器对丝及托钩	5.0
7	散热器补芯	4.0
8	散热器丝堵	4.0
9	散热器胶垫	10.0

第6章　建筑电气工程预算常用资料

6.1　建筑电气工程常用文字符号及图例

6.1.1　文字符号

6.1.1.1　电气设备标注

电气设备标注　　表6-1

序号	标注方式	说　明
1	$\frac{a}{b}$	用电设备标注 *a*—设备编号或设备位号 *b*—额定功率（kW或kV·A）
2	-*a*+*b*/*c*	系统图电气箱（柜、屏）标注 *a*—设备种类代号 *b*—设备安装位置代号 *c*—设备型号
3	-*a*	平面图电气箱（柜、屏）标注 *a*—设备种类代号

续表

序号	标注方式	说　　明
4	ab/cd	照明、安全、控制变压器标注 a—设备种类代号 b/c——次电压/二次电压 d—额定容量
5	$a\text{-}b\dfrac{c\times d\times L}{e}f$	照明灯具标注 a—灯数 b—型号或编号（无则省略） c—每盏照明灯具灯泡数 d—灯泡安装容量 e—灯泡安装高度（m），“—”表示吸顶安装 f—安装方式，见表 6-3 L—光源种类
6	$ab\text{-}c$（$d\times e+f\times g$）$i-jh$	线路标注 a—线缆编号 b—型号（不需要可省略） c—线缆根数 d—电缆线芯数 e—线芯截面（mm^2） f—PE、N 线芯数 g—线芯截面（mm^2） i—线路敷设方式，见表 6-2 j—线路敷设部位，见表 6-2 h—线缆敷设安装高度（m）

续表

序号	标注方式	说明
7	$\dfrac{a \times b}{c}$	电缆桥架标注 *a*—电缆桥架宽度（mm） *b*—电缆桥架高度（mm） *c*—电缆桥架安装高度（m）
8	$\dfrac{a\text{-}b\text{-}c\text{-}d}{e\text{-}f}$	电缆与其他设施交叉点标注 *a*—保护管根数 *b*—保护管直径（mm） *c*—保护管长度（m） *d*—地面标高（m） *e*—保护管埋设深度（m） *f*—交叉点坐标
9	$a\text{-}b(c \times 2 \times d)e\text{-}f$	电话线路的标注 *a*—电话线缆编号 *b*—型号（不需要可省略） *c*—导线根数 *d*—导体直径（mm） *e*—敷设方式和管径（mm） *f*—敷设部位

6.1.1.2 线路敷设方式和敷设部位标注

线路敷设方式和敷设部位表　　表 6-2

序号	标注方式	说　明
1	SC	穿低压流体输送用焊接钢管敷设
2	MT	穿电线管敷设
3	PC	穿硬塑料导管敷设
4	FPC	穿阻燃半硬塑料导管敷设
5	CT	电缆桥架敷设
6	MR	金属线槽敷设
7	PR	塑料线槽敷设
8	M	钢索敷设
9	KPC	穿塑料波纹电线管敷设
10	CP	穿可挠金属电线保护套管敷设
11	DB	直埋敷设
12	TC	电缆沟敷设
13	CE	混凝土排管敷设
14	AB	沿或跨梁敷设
15	BC	暗敷在梁内
16	AC	沿柱或跨柱敷设
17	CLC	暗敷在柱内
18	WS	沿地面敷设
19	WC	暗敷在墙内
20	CE	沿顶棚或顶板敷设
21	CC	暗敷在屋面或顶板内
22	SCE	吊顶内敷设
23	FC	地板或地面下敷设

6.1.1.3 灯具标注

灯具标注　表 6-3

序号	标注方式	说　明
1	SW	线吊式
2	CS	链吊式
3	DS	管吊式
4	W	壁装式
5	C	吸顶式
6	R	嵌入式
7	CR	顶棚内安装
8	WR	墙壁内安装
9	S	支架上安装
10	CL	柱上安装
11	HM	座装

6.1.1.4 电气设备、装置和元件的字母代码

电气设备、装置和元件的字母代码 表 6-4

序号	标注方式	字母代码	
	设备、装置和元件的名称	主类代码	含子类代码
1	35kV 开关柜、MCC 柜	A	AH
2	20kV 开关柜、MCC 柜	A	AJ
3	10kV 开关柜、MCC 柜	A	AK
4	6kV 开关柜、MCC 柜	A	AL

续表

序号	标注方式	字母代码	
	设备、装置和元件的名称	主类代码	含子类代码
5	低压配电柜、MCC 柜	A	AN
6	并联电容器屏（箱）	A	ACC
7	直流配电柜（屏）	A	AD
8	保护屏	A	AR
9	电能计量柜	A	AM
10	信号箱	A	AS
11	电源自动切换箱（柜）	A	AT
12	电力配电箱	A	AP
13	应急电力配电箱	A	APE
14	控制箱、操作箱	A	AC
15	励磁屏（柜）	A	AE
16	照明配电箱	A	AL
17	应急照明配电箱	A	ALE
18	电度表箱	A	AW
19	建筑设备监控主机	A	—
20	电信（弱电）主机	A	—
21	热过载继电器	B	BB
22	保护继电器	B	BB
23	电流互感器	B	BE

续表

序号	标注方式	字母代码	
	设备、装置和元件的名称	主类代码	含子类代码
24	电压互感器	B	BE
25	测量继电器	B	BE
26	测量电阻（分流）	B	BE
27	测量变送器	B	BE
28	气表、水表	B	BF
29	差压传感器	B	BF
30	流量传感器	B	BF
31	接近开关、位置开关	B	BG
32	接近传感器	B	BG
33	时钟、计时器	B	BK
34	湿度计、湿度测量传感器	B	BM
35	压力传感器	B	BP
36	烟雾（感烟）探测器	B	BR
37	感光（火焰）探测器	B	BR
38	光电池	B	BR
39	速度计、转速计	B	BS
40	速度变换器	B	BS
41	温度传感器、温度计	B	BT
42	麦克风	B	BX

续表

序号	标注方式	字母代码	
	设备、装置和元件的名称	主类代码	含子类代码
43	视频摄像机	B	BX
44	火灾探测器	B	—
45	气体探测器	B	—
46	测量变换器	B	—
47	位置测量传感器	B	BQ
48	液位测量传感器	B	BL
49	电容器	C	CA
50	线圈	C	CB
51	硬盘	C	CF
52	存储器	C	CF
53	磁带记录仪、磁带机	C	CF
54	录像机	C	CF
55	白炽灯、荧光灯	E	EA
56	紫光灯	E	EA
57	电炉、电暖炉	E	EB
58	电热、电热丝	E	EB
59	灯、灯泡	E	—
60	激光器	E	—
61	发光设备	E	—

续表

序号	标注方式	字母代码	
	设备、装置和元件的名称	主类代码	含子类代码
62	辐射器	E	—
63	热过载释放器	F	FD
64	熔断器	F	FA
65	微型断路器	F	FB
66	安全栅	F	FC
67	电涌保护器	F	FC
68	避雷器	F	FE
69	避雷针	F	FE
70	保护阳极（阴极）	F	FR
71	发电机	G	GA
72	直流发电机	G	GA
73	电动发电机组	G	GA
74	柴油发电机组	G	GA
75	蓄电池、干电池	G	GB
76	燃料电池	G	GB
77	太阳能电池	G	GC
78	信号发生器	G	GF
79	不间断电源	G	GU
80	继电器	K	KF

续表

序号	标注方式	字母代码	
	设备、装置和元件的名称	主类代码	含子类代码
81	时间继电器	K	KF
82	控制器（电、电子）	K	KF
83	输入、输出模块	K	KF
84	接收机	K	KF
85	发射机	K	KF
86	光耦器	K	KF
87	控制器（光、声学）	K	KG
88	阀门控制器	K	KH
89	瞬时接触继电器	K	KA
90	电流继电器	K	KC
91	电压继电器	K	KV
92	信号继电器	K	KS
93	瓦斯保护继电器	K	KB
94	压力继电器	K	KPR
95	电动机	M	MA
96	直线电动机	M	MA
97	电磁驱动	M	MB
98	励磁线圈	M	MB
99	执行器	M	ML

续表

序号	标注方式 设备、装置和元件的名称	字母代码 主类代码	含子类代码
100	弹簧储能装置	M	ML
101	打印机	P	PF
102	录音机	P	PF
103	电压表	P	PG
104	电压表	P	PV
105	告警灯、信号灯	P	PG
106	监视器、显示器	P	PG
107	LED（发光二极管）	P	PG
108	铃、钟	P	PG
109	铃、钟	P	PB
110	计量表	P	PG
111	电流表	P	PA
112	电度表	P	PJ
113	时钟、操作时间表	P	PT
114	无功电度表	P	PJR
115	最大需用量表	P	PM
116	有功功率表	P	PW
117	功率因数表	P	PPF
118	无功电流表	P	PAR

续表

序号	标注方式	字母代码	
	设备、装置和元件的名称	主类代码	含子类代码
119	（脉冲）计数器	P	PC
120	记录仪器	P	PS
121	频率表	P	PF
122	相位表	P	PPA
123	转速表	P	PT
124	同位指示器	P	PS
125	无色信号灯	P	PG
126	白色信号灯	P	PGW
127	红色信号灯	P	PGR
128	绿色信号灯	P	PGG
129	黄色信号灯	P	PGY
130	显示器	P	PC
131	温度计、液位计	P	PG
132	断路器、接触器	Q	QA
133	晶闸管、电动机启动器	Q	QA
134	隔离器、隔离开关	Q	QB
135	熔断器式隔离器	Q	QB
136	熔断器式隔离开关	Q	QB
137	接地开关	Q	QC

续表

序号	标注方式	字母代码	
	设备、装置和元件的名称	主类代码	含子类代码
138	旁路断路器	Q	QD
139	电源转换开关	Q	QCS
140	剩余电流保护断路器	Q	QR
141	软启动器	Q	QAS
142	综合启动器	Q	QCS
143	星—三角启动器	Q	QSD
144	自耦降压启动器	Q	QTS
145	转子变阻式启动器	Q	QRS
146	电阻器、二极管	R	RA
147	电抗线圈	R	RA
148	滤波器、均衡器	R	RF
149	电磁锁	R	RL
150	限流器	R	RN
151	电感器	R	—
152	控制开关	S	SF
153	按钮开关	S	SF
154	多位开关（选择开关）	S	SAC
155	启动按钮	S	SF
156	停止按钮	S	SS

续表

序号	标注方式	字母代码	
	设备、装置和元件的名称	主类代码	含子类代码
157	复位按钮	S	SR
158	试验按钮	S	ST
159	电压表切换开关	S	SV
160	电流表切换开关	S	SA
161	变频器、频率转换器	T	TA
162	电力变压器	T	TA
163	DC 转换器	T	TA
164	整流器、AC/DC 转换器	T	TB
165	天线、放大器	T	TF
166	调制器、解调器	T	TF
167	隔离变压器	T	TF
168	控制变压器	T	TC
169	电流互感器	T	TA
170	电压互感器	T	TV
171	整流变压器	T	TR
172	照明变压器	T	TL
173	有载调压变压器	T	TLC
174	自耦变压器	T	TT
175	支持绝缘子	U	UB

续表

序号	标注方式	字母代码	
	设备、装置和元件的名称	主类代码	含子类代码
176	电缆桥架、托盘、梯架	U	UB
177	线槽、瓷瓶	U	UB
178	电信桥架、托盘	U	UG
179	绝缘子	U	—
180	高压母线、母线槽	W	WA
181	高压配电线缆	W	WB
182	低压导线、母线槽	W	WC
183	低压配电线缆	W	WD
184	数据总线	W	WF
185	控制电缆、测量电缆	W	WG
186	光缆、光纤	W	WH
187	信号线路	W	WS
188	电力线路	W	WP
189	照明线路	W	WL
190	应急电力线路	W	WPE
191	应急照明线路	W	WLE
192	滑触线	W	WT
193	高压端子、接线盒	X	XB
194	高压电缆线	X	XB

续表

序号	标注方式	字母代码	
	设备、装置和元件的名称	主类代码	含子类代码
195	低压端子、端子板	X	XD
196	过路接线盒、接线端子箱	X	XD
197	低压电缆头	X	XD
198	插座、插座箱	X	XD
199	接地端子、屏蔽接地端子	X	XE
200	信号分配器	X	XG
201	信号插头连接器	X	XG
202	（光学）信号连接	X	XH
203	连接器	X	—
204	插头	X	—

6.1.1.5 常用辅助文字符号

常用辅助文字符号 **表 6-5**

序号	文字符号	中文名称
1	A	电流
2	A	模拟
3	AC	交流
4	A. AUT	自动
5	ACC	加速

续表

序号	文字符号	中文名称
6	ADD	附加
7	ADJ	可调
8	AUX	辅助
9	ASY	异步
10	B. BRK	制动
11	BC	广播
12	BK	黑
13	BU	蓝
14	BW	向后
15	C	控制
16	CCW	逆时针
17	CD	操作台（独立）
18	CO	切换
19	CW	顺时针
20	D	延时、延迟
21	D	差动
22	D	数字
23	D	降
24	DC	直流
25	DCD	解调

续表

序号	文字符号	中文名称
26	DEC	减
27	DP	调度
28	DR	方向
29	DS	失步
30	E	接地
31	EC	编码
32	EM	紧急
33	EMS	发射
34	EX	防爆
35	F	快速
36	FA	事故
37	FB	反馈
38	FM	调频
39	FW	正、向前
40	FX	固定
41	G	气体
42	GN	绿
43	H	高
44	HH	最高（较高）
45	HH	手孔

续表

序号	文字符号	中文名称
46	HV	高压
47	IB	仪表箱
48	IN	输入
49	INC	增
50	IND	感应
51	L	左
52	L	限制
53	L	低
54	LL	最低（较低）
55	LA	闭锁
56	M	主
57	M	中
58	M	中间线
59	M、MAN	手动
60	MAX	最大
61	MIN	最小
62	MC	微波
63	MD	调制
64	MH	人孔（人井）
65	MN	监听

续表

序号	文字符号	中文名称
66	MO	瞬间（时）
67	MUX	多路复用的限定符号
68	N	中性线
69	NR	正常
70	OFF	断开
71	ON	闭合
72	OUT	输出
73	O/E	光电转换器
74	P	压力
75	P	保护
76	PB	保护箱
77	PE	保护接地
78	PEN	保护接地与中性线共用
79	PU	不接地保护
80	PL	脉冲
81	PM	调相
82	PO	并机
83	PR	参量
84	R	记录
85	R	右

续表

序号	文字符号	中文名称
86	R	反
87	RD	红
88	RES	备用
89	R、RST	复位
90	RTD	热电阻
91	RUN	运转
92	S	信号
93	ST	启动
94	S. SET	置位、定位
95	SAT	饱和
96	SB	供电箱
97	STE	步进
98	STP	停止
99	SYN	同步
100	SY	整步
101	S·P	设定点
102	T	温度
103	T	时间
104	T	力矩
105	TE	无噪声（防干扰）接地

续表

序号	文字符号	中文名称
106	TM	发送
107	U	升
108	UPS	不间断电源
109	V	真空
110	V	速度
111	V	电压
112	VR	可变
113	WH	白
114	YE	黄

6.1.2 图例

线路标注图例 **表 6-6**

序号	名　　称	图例符号
1	带接头的地下线路	
2	接地极	
3	接地线	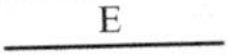
4	避雷线 避雷带 避雷网	

续表

序号	名　　称	图例符号
5	避雷针	•
6	水下线路	
7	架空线路	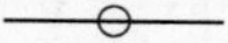
8	套管线路	
9.	六孔管道线路	
10	电缆梯架、托盘、线槽线路	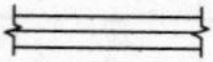
11	电缆沟线路	
12	中性线	
13	保护线	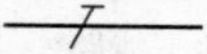
14	保护接地线	PE
15	保护线和接地线共用	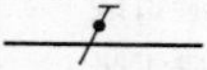

续表

序号	名　　称	图例符号
16	带中性线和保护线的三相线路	
17	向上配线；向上布线	
18	向下配线；向下布线	
19	垂直通过配线；垂直通过布线	
20	人孔，用于地井	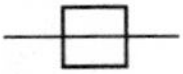
21	手孔的一般符号	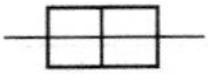
22	多用平行的连接线可用一条线（线束）表示	

续表

序号	名称	图例符号
23	线束内顺序的表示，使用一个点表示第一个连接	
24	线束内顺序的表示，表示对应连接	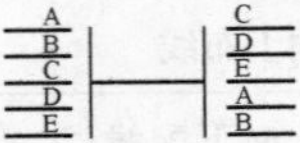
25	线束内导线数目的表示	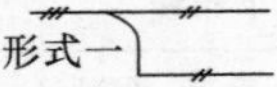
26	线束内导线数目的表示	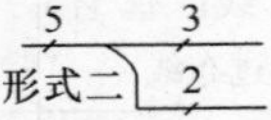

配电设备图例　　表 6-7

序号	名称	图例符号
1	物件（设备、器件、功能单元元件、功能）	□ 形式一
2	物件（设备、器件、功能单元元件、功能）	▭ 形式二
3	物件（设备、器件、功能单元元件、功能）	○ 形式三

续表

序号	名　称		图例符号
4	等电位端子箱		MEB
5	局部等电位端子箱		LEB
6	EPS 电源箱		EPS
7	UPS（不间断）电源箱		UPS
8	轮廓内或外就近标注字母代码，“★”代表电气柜、屏、箱		□★
	35kV 开关柜 AH	20kV 开关柜 AJ	
	10kV 开关柜 AK	6kV 开关柜 AL	
	并联电容器屏（箱）ACC	低压配电箱 AN	
	保护屏 AR	直流配电柜（屏）AD	
	信号箱 AS	电能计量柜 AM	
	电力配电箱 AP	电源自动切换箱（柜）AT	
	控制箱、操作箱 AC	应急电力配电箱 APE	
	照明配电箱 AL	励磁屏（柜）AE	
	应急照明配电箱 ALE	电度表箱 AW	
	过路接线盒、接线箱 XD	插座箱 XD	

接线盒、启动器图例　　　表 6-8

序号	名　　称	图例符号
1	配电中心	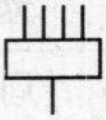
2	配电中心	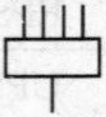 ★
3	盒，一般符号	
4	连接盒；接线盒	
5	用户端，供电引入设备	
6	电动机启动器，一般符号	
7	调节—启动器	
8	可逆直接在线启动器	
9	星—三角启动器	
10	带自耦变压器的启动器	
11	带可控硅整流器的调节—启动器	

插座、照明开关及按钮图例　　表 6-9

序号	名　称		图例符号
1	（电源）插座、插孔，一般符号		
2	多个（电源）插座符号表示三个插座		 3 形式一
3	多个（电源）插座符号表示三个插座		形式二 
4	带保护极的（电源）插座		
5	单相二、三极电源插座		
6	带滑动保护板的（电源）插座		
7	1P—单相（电源）插座	3P—三相（电源）插座	（带保护板）
	1C—单相暗敷（电源）插座	3C—三相暗敷（电源）插座	
	1EX—单相防爆（电源）插座	3EX—三相防爆（电源）插座	
	1EN—单相密闭（电源）插座	3EN—三相密闭（电源）插座	

续表

序号	名称		图例符号
8	1P—单相（电源）插座	3P—三相（电源）插座	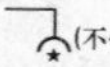(不带保护板)
	1C—单相暗敷（电源）插座	3C—三相暗敷（电源）插座	
	1EX—单相防爆（电源）插座	3EX—三相防爆（电源）插座	
	1EN—单相密闭（电源）插座	3EN—三相密闭（电源）插座	
9	带单极开关的（电源）插座		
10	带保护极的单极开关的（电源）插座		
11	带连锁开关的（电源）插座		
12	带隔离变压器的（电源）插座 剃须插座		
13	开关，一般符号单联单控开关		
14	EX—防爆开关 EN—密闭开关 C—暗装开关		

续表

序号	名　称	图例符号
15	双联单控开关	
16	3 联单控开关	
17	n 联单控开关，$n>3$	
18	带指示灯的开关	
19	带指示灯的双联单控开关	
20	带指示灯的 3 联单控开关	
21	带指示灯的 n 联单控开关，$n>3$	
22	单极限时开关	
23	双极开关	
24	多位单极开关	
25	双控单极开关	
26	中间开关	
27	调光器	
28	单极拉线开关	

续表

序号	名　称	图例符号
29	风机盘管三速开关	
30	按钮	
31	根据需要“★”用下述文字标注在图形符号旁边表示不同类型的按钮： 2—两个按钮单元组成的按钮盒 3—三个按钮单元组成的按钮盒 EX—防爆型按钮 EN—密闭型按钮	
32	带有指示灯的按钮	
33	防止误操作的按钮	
34	定时器	
35	定时开关	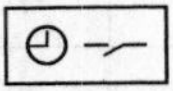
36	钥匙开关	

灯具图例　　　　表 6-10

序号	名　　称	图例符号
1	灯，一般符号	
2	应急疏散指示标志灯	
3	应急疏散指示标志灯（向右）	
4	应急疏散指示标志灯（向左）	
5	应急疏散指示标志灯（向左，向右）	
6	专用电路上的应急照明灯	
7	自带电源的应急照明灯	
8	光源，一般符号荧光灯，一般符号	
9	二管荧光灯	
10	多管荧光灯，表示三管荧光灯	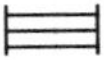
11	多管荧光灯，$n>3$	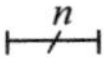
12	EN—密闭灯	
13	EX—防爆灯	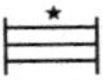

续表

序号	名　称	图例符号
14	投光灯，一般符号	
15	聚光灯	
16	泛光灯	
17	障碍灯，危险灯，红色闪光全向光束	
18	航空地面灯，立式，一般符号	
19	航空地面灯，嵌入式，一般符号	
20	风向标灯（停机坪）	
21	着陆方向灯（停机坪）	
22	围界灯（停机坪）绿色全向光束，立式安装	
23	航空地面灯，白色全向光束，嵌入式（停机坪瞄准点灯）	

小型电气器件图例　　　　表 6-11

序号	名　　称	图例符号
1	变频器，频率由 f1 变到 f2	
2	变换器，一般符号（能量转换器；信号转换器；测量用传感器转发器）	
3	电锁	
4	安全隔离变压器	
5	热水器	
6	电动阀	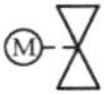
7	电磁阀	
8	弹簧操动装置	
9	风扇；通风机	
10	水泵	

续表

序号	名　称	图例符号
11	窗式空调器	
12	分体空调器	 室内机　室外机
13	设备盒（箱）	
14	带设备盒（箱）固定分支的直通段	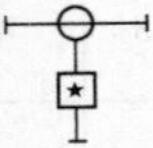
15	带设备盒（箱）固定分支的直通段	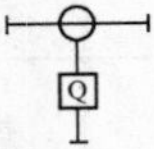
16	带保护极插座固定分支的直通段	

通信及综合布线系统图例　表 6-12

序号	名　称	图例符号
1	自动交换设备 SPC—程控交换机 PABX—程控用户交换机 C—集团电话主机	

续表

序号	名　　称	图例符号
2	总配线架	MDF
3	光纤配线架	ODF
4	中间配线架	IDF
5	综合布线建筑物配线架（有跳线连接）	BD 形式一 
6	综合布线建筑物配线架（有跳线连接）	BD 形式二 
7	综合布线楼层配线架（有跳线连接）	FD 形式一 
8	综合布线楼层配线架（有跳线连接）	FD 形式二 
9	综合布线建筑群配线架	CD
10	综合布线建筑物配线架	BD
11	综合布线楼层配线架	FD

续表

序号	名　　称	图例符号
12	集线器	HUB
13	交换机	SW
14	集合点	CP
15	光纤连接盘	LIU
16	家居配线箱	AHD
17	分线盒的一般符号	
18	分线盒 加注： $\frac{N-B}{C}\Big\vert\frac{d}{D}$ N—编号； B—容量； C—线序； D—设计用户数； d—现在用户数	简化图形
19	室内分线盒	
20	室外分线盒	
21	分线箱的一般符号	

序号	名　　称	图例符号
22	分线箱的一般符号	简化图形 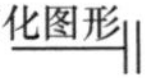
23	壁龛分线箱	
24	壁龛分线箱简化符号	简化图形 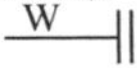
25	架空交接箱，加 GL 表示光缆架空交接箱	
26	落地交接箱，加 GL 表示光缆落地交接箱	
27	壁龛交接箱，加 GL 表示光缆壁龛交接箱	
28	电话机，一般符号	
29	内部对讲设备	
30	电话信息插座	 TP 形式一
31	电话信息插座	 TP 形式二

续表

序号	名　　称	图例符号
32	数据信息插座	TD 形式一
33	数据信息插座	TD 形式二
34	综合布线信息插座	TO 形式一
35	综合布线信息插座	TO 形式二
36	综合布线 *n* 孔信息插座，*n* 为信息孔数量	*n*TO 形式一
37	综合布线 *n* 孔信息插座，*n* 为信息孔数量	*n*TO 形式二
38	多用户信息插座	MUTO
39	直通型人孔	
40	局前人孔	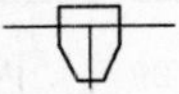
41	斜通型人孔	
42	四通型人孔	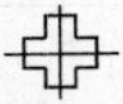

火灾自动报警与应急联动系统图例　表 6-13

序号	名　　称	图例符号
1	火灾报警装置	
2	火灾报警装置，需区分火灾自动报警装置“★”用下述字母代替： C 集中型火灾报警控制器 Z 区域型火灾报警控制器 G 通用火灾报警控制器 S 可燃气体报警控制器	
3	控制和指示设备	
4	控制和指示设备，需区分控制和指示设备“★”用下述字母代替： RS 防火卷帘门控制器 RD 防火门磁释放器 I/O 输入/输出模块 I 输入模块 O 输出模块 P 电源模块 T 电信模块 SI 短路隔离器 M 模块箱 SB 安全栅 D 火灾显示屏 FI 楼层显示器 CRT 火灾计算机图形显示系统 FPA 火警广播系统 MT 对讲电话主机 BO 总线广播模块 TP 总线电话模块	

续表

序号	名　　称	图例符号
5	感温火灾探测器（点型）	
6	感温火灾探测器（点型、非地址码型）	N
7	感温火灾探测器（点型、防爆型）	EX
8	感温火灾探测器（线型）	
9	感烟火灾探测器（点型）	
10	感烟火灾探测器（点型、非地址码型）	N
11	感烟火灾探测器（点型、防爆型）	EX
12	感光火灾探测器（点型）	
13	可燃气体探测器（点型）	
14	可燃气体探测器（线型）	

续表

序号	名　　称	图例符号
15	复合式感光感烟火灾探测器（点型）	
16	复合式感光感温火灾探测器（点型）	
17	线型差定温火灾探测器	
18	光束感烟火灾探测器（线型、发射部分）	
19	光束感烟火灾探测器（线型、接受部分）	
20	复合式感温感烟火灾探测器（点型）	
21	光束感烟感温火灾探测器（线型、发射部分）	
22	光束感烟感温火灾探测器（线型、接受部分）	
23	手动火灾报警按钮	
24	消火栓起泵按钮	

续表

序号	名　称	图例符号
25	报警电话	
26	火灾电话插孔（对讲电话插孔）	
27	带火灾电话插孔的手动报警按钮	
28	火灾电铃	
29	火灾发生警报器	
30	火灾光警报器	
31	火灾声、光警报器	
32	火灾应急广播扬声器	
33	水流指示器（组）	
34	水流指示器（组）	
35	压力开关	
36	阀，一般符号	
37	信号阀（带监视信号的检验阀）	
38	70℃动作的常开防火阀	 70℃

续表

序号	名　称	图例符号
39	280℃动作的常开排烟阀	 280℃
40	280℃动作的常闭排烟阀	 280℃
41	自动喷洒头（开式）	 平面
42	自动喷洒头（开式）	 系统
43	自动喷洒头（闭式）下喷	 平面
44	自动喷洒头（闭式）下喷	 系统
45	自动喷洒头（闭式）上喷	 平面
46	自动喷洒头（闭式）上喷	 系统
47	自动喷洒头（闭式）上下喷	 平面
48	自动喷洒头（闭式）上下喷	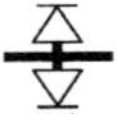 系统

续表

序号	名　称	图例符号
49	湿式报警阀（组）	 平面
50	湿式报警阀（组）	 系统
51	预作用报警阀（组）	 平面
52	预作用报警阀（组）	 系统
53	雨淋报警阀（组）	 平面
54	雨淋报警阀（组）	 系统
55	干式报警阀（组）	 平面
56	干式报警阀（组）	 系统
57	缆式线型感温探测器	
58	缆式线型感温探测器	

续表

序号	名　　称	图例符号
59	增压送风口	
60	排烟口	SE
61	室外消火栓	
62	室内消火栓（单口）白色为开启面	 平面
63	室内消火栓（单口）白色为开启面	 系统
64	室内消火栓（双口）白色为开启面	 平面
65	室内消火栓（双口）白色为开启面	 系统

有线电视及卫星电视接收系统图例

表 6-14

序号	名　　称	图例符号
1	天线，一般符号	
2	带矩形波导馈线的抛物面天线	
3	有本地天线引入的前端，符号表示一条馈线支路	
4	无本地天线引入的前端，符号表示一条输入和一条输出通路	

续表

序号	名　称	图例符号
5	放大器，中继器一般符号	 形式一
6	三角形指向传输方向	 形式二
7	均衡器	
8	可变均衡器	
9	固定衰减器	
10	可变衰减器	
11	调制器、解调器一般符号	
12	解调器	
13	调制器	
14	调制解调器	
15	混合网络	
16	彩色电视接收机	
17	分配器，一般符号表示两路分配器	
18	三分配器	

续表

序号	名　　称	图例符号
19	四分配器	
20	信号分支，一般符号；图中表示一个信号分支	
21	二分支器	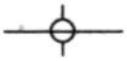
22	四分支器	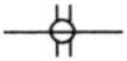
23	混合器，一般符号	
24	定向耦合器，一般符号	
25	电视插座	 TV 形式一
26	电视插座	 TV 形式二
27	匹配终端	

广播系统图例　　表 6-15

序号	名　称	图例符号
1	传声器，一般符号	
2	扬声器，一般符号	
3	扬声器，需注明扬声器安装形式时在符号“★”处用下述文字标注： C—吸顶式安装扬声器 R—嵌入式安装扬声器 W—壁挂式安装扬声器	
4	嵌入式安装扬声器箱	
5	扬声器箱、音箱、声柱	
6	号筒式扬声器	
7	光盘式播放机	
8	调谐器、无线电接收机	
9	放大器，一般符号	
10	放大器，需注明放大器安装形式时在符号“★”处用下述文字标注： A—扩大机 PRA—前置放大器 AP—功效放大器	
11	传声器插座	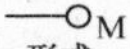 形式一
12	传声器插座	 形式二

安全技术防范系统图例　　表 6-16

序号	名　　称	图例符号
1	摄像机	
2	带云台的摄像机	
3	半球型摄像机	
4	带云台的球形摄像机	
5	有室外防护罩的摄像机	
6	有室外防护罩带云台的摄像机	
7	彩色摄像机	
8	带云台的彩色摄像机	
9	网络摄像机	
10	带云台的网络摄像机	
11	彩色转黑白摄像机	
12	半球彩色摄像机	
13	半球彩色转黑白摄像机	
14	半球带云台彩色摄像机	

续表

序号	名　　称	图例符号
15	全球彩色摄像机	
16	全球彩色转黑白摄像机	
17	全球带云台彩色摄像机	
18	全球带云台彩色转黑白摄像机	
19	红外摄像机	
20	红外照明灯	
21	红外带照明灯摄像机	
22	视频服务器	
23	电视监视器	
24	彩色电视监视器	
25	录像机	
26	读卡器	
27	键盘读卡器	
28	保安巡逻打卡器	

续表

序号	名　　称	图例符号
29	紧急脚挑开关	
30	紧急按钮开关	
31	压力垫开关	
32	门磁开关	
33	压敏探测器	
34	玻璃破碎探测器	
35	振动探测器	
36	易燃气体探测器	
37	被动红外入侵探测器	
38	微波入侵探测器	
39	被动红外/微波双技术探测器	
40	主动红外探测器	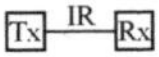
41	遮挡式微波探测器	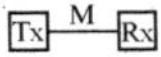
42	埋入线电场扰动探测器	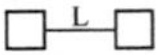

续表

序号	名　称	图例符号
43	弯曲或振动电缆探测器	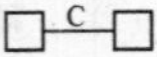
44	激光探测器	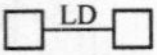
45	楼宇对讲系统主机	
46	对讲电话分机	
47	可视对讲机	
48	可视对讲摄像机	
49	可视对讲户外机	
50	解码器	
51	视频顺序切换器（X—几路输入；Y—几路输出）	
52	图像分割器（X—画面数）	
53	视频分配器（X—输入；Y—几路输出）	
54	视频补偿器	
55	时间信号发生器	

续表

序号	名　　称	图例符号
56	声、光报警箱	
57	监视立柜	
58	监视墙屏	
59	指纹识别器	
60	人像识别器	
61	眼纹识别器	
62	磁力锁	
63	电锁按键	
64	电控锁	
65	电、光信号转换期	
66	光、电信号转换期	
67	数字硬盘录像机	
68	保安电话	
69	防区扩展模块 A—报警主机； P—巡更点； D—探测器	

续表

序号	名　　称	图例符号
70	报警控制主机 D—报警信号；K—控制键盘；S—串行接口；R—继电器触点（报警输出）	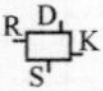
71	报警中继数据处理机	P
72	传输发送、接收器	Tx/Rx

建筑设备管理系统图例　　表 6-17

序号	名　　称	图例符号
1	温度传感器	T
2	压力传感器	P
3	湿度传感器	M
4	压差传感器	PD
5	流量测量元件（＊为位号）	GE *
6	流量变送器（＊为位号）	GT *
7	液位变送器（＊为位号）	LT *
8	压力变送器（＊为位号）	PI *
9	温度变送器（＊为位号）	TT *

序号	名　　称	图例符号
10	湿度变送器（* 为位号）	MT *
11	位置变送器（* 为位号）	GT *
12	速率变送器（* 为位号）	ST *
13	相差变送器（* 为位号）	PDT *
14	电流变送器（* 为位号）	IT *
15	电压变送器（* 为位号）	UT *
16	电能变送器（* 为位号）	ET *
17	模拟/数字变送器	A/D
18	数字/模拟变送器	D/A
19	计数控制开关，动合触点	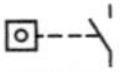
20	流体控制开关，动合触点	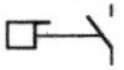
21	气体控制开关，动合触点	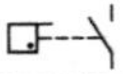
22	相对湿度控制开关，动合触点	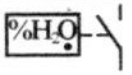
23	建筑自动化控制器	BAC
24	直接数字控制器	DDC
25	热能表	HM

续表

序号	名　　称	图例符号
26	燃气表	
27	水表	
28	电度表	
29	粗效空气过滤器	
30	中效空气过滤器	
31	高效空气过滤器	
32	空气加热器	
33	空气冷却器	
34	空气加热、冷却器	
35	板式换热器	
36	电加热器	
37	加湿器	
38	立式明装风机盘管	
39	立式暗装风机盘管	
40	卧式明装风机盘管	
41	卧式暗装风机盘管	
42	电动比例调节平衡阀	
43	电动对开多叶调节风阀	
44	电动蝶阀	

6.2 常用电工材料及设备

6.2.1 导线

常用绝缘电线的型号及名称　表 6-18

类别	型号	名　称
聚氯乙烯塑料绝缘电线	BV	铜芯聚氯乙烯绝缘电线
	BLV	铝芯聚氯乙烯绝缘电线
	BVV	铜芯聚氯乙烯绝缘聚氯乙烯护套电线
	BLVV	铝芯聚氯乙烯绝缘聚氯乙烯护套电线
	BVVB	铜芯聚氯乙烯绝缘聚氯乙烯护套平行电线
	BVR	铜芯聚氯乙烯绝缘软线
	BLVR	铝芯聚氯乙烯绝缘软线
	BV-10S	铜芯聚氯乙烯绝缘耐高温电线
	RVB	铜芯聚氯乙烯绝缘平行软线
	RVS	铜芯聚氯乙烯绝缘绞形软线
	RVZ	铜芯聚氯乙烯绝缘聚氯乙烯护套软线
橡皮绝缘电线	BX	铜芯橡皮线
	BLX	铝芯橡皮线
	BBX	铜芯玻璃丝织橡皮线
	BBLX	铝芯玻璃丝织橡皮线
	BXR	铜芯橡皮软线
	BXS	棉纱织双绞软线
丁腈聚氯乙烯复合物绝缘软线	RFS	复合物绞形软线
	RFB	复合物平行软线

6.2.2 电缆

6.2.2.1 电缆型号表示方法及型号含义

电缆型号表示方法及型号含义 **表 6-19**

电缆型号表示如下：

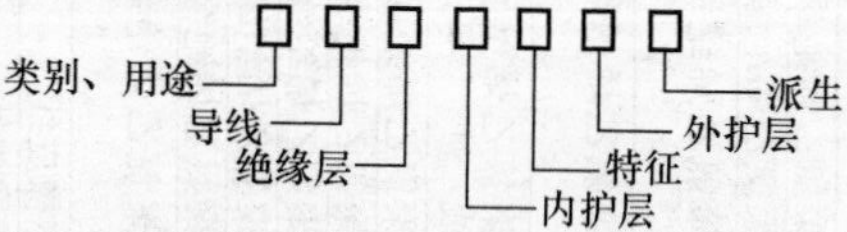

类别用途	绝　缘	内护层	特　征	铠装层外护层	派　生
N—农用电缆	V—聚氯乙烯	H—橡皮	CY—充油	0—相应的裸外护层	1—第一种
V—塑料电缆	X—橡皮	HF—非燃橡套	D—不滴流	1——级防腐	2—第二种
X—橡皮绝缘电缆	XD—丁基橡皮	L—铝包	F—分相护套	1—麻被护层	110—110kV

续表

类别用途	绝　缘	内护层	特　征	铠装层外护层	派　生
YJ—交联聚乙烯塑料电缆	YJ—交联聚乙烯塑料	Q—铅包	P—贫油、干绝缘	2—二级防腐	120—120kV
Z—纸绝缘电缆	Y—聚乙烯塑料	Y—塑料护套	P—编织屏蔽	2—钢带铠装麻被	150—150kV
G—高压电缆		LW—皱纹铝套	Z—直流	3—单层细钢丝铠装麻被	03—拉断力 0.3t
K—控制电缆		V—聚氯乙烯	C—滤尘器用	4—双层细钢丝麻被	1—拉断力 1t
P—信号电缆		F—氯丁烯	C—重型	5—单层粗钢丝麻被	TH—温热带
V—矿用电缆		A—综合护套	D—电子显微镜	6—双层粗钢丝麻被	外被层

续表

类别用途	绝缘	内护层	特征	铠装层外护层	派生
VC—采掘机用电缆			C—高压	9—内铠装	C—无
VZ—电钻电缆			H—电焊机用	29—内钢带铠装	1—纤维层
VN—泥炭工业用电缆			J—交流	20—裸钢带铠装	2—聚氯乙烯
W—地球物理工作用电缆			Z—直流	30—细钢丝铠装	3—聚乙烯
WB—油泵电缆			CQ—充气	22—铠装加固电缆	

续表

类别用途	绝　缘	内护层	特　征	铠装层外护层	派　生
WC—海上探测电缆			YQ—压气	25—粗钢丝铠装	
WE—野外探测电缆			YY—压油	11——级防腐	
X-D—单焦点X光电缆			ZRC（A）—阻燃	12—钢带铠装—级防腐	
X-E—双焦点X光电缆				120—钢带铠装—级防腐	
H—电子轰击炉用电缆				13—细钢丝铠装—级防腐	

续表

类别用途	绝　缘	内护层	特　征	铠装层外护层	派　生
J—静电喷漆用电缆				15—细钢丝铠装一级防腐	
Y—移动电缆				130—裸细钢丝铠装一级防腐	
SY—同轴射频电缆				23—细钢丝铠装二级电缆	
DS—电子计算机用电缆				59—内粗钢丝铠装	

注：L—铝，T—铜（一般省略）

6.2.2.2 控制电缆型号及名称

(1) 塑料绝缘控制电缆

塑料绝缘控制电缆型号和名称　　表 6-20

序号	型号	名称
1	KYV	铜芯聚乙烯绝缘聚乙烯护套控制电缆
2	KYYP	铜芯聚乙烯绝缘铜丝编织总屏蔽聚乙烯护套控制电缆
3	$KYYP_1$	铜芯聚乙烯绝缘铜丝缠绕总屏蔽聚乙烯护套控制电缆
4	$KYYP_2$	铜芯聚乙烯绝缘铜带绕包总屏蔽聚乙烯护套控制电缆
5	KY_{23}	铜芯聚乙烯绝缘钢带铠装聚乙烯护套控制电缆
6	KYY_{30}	铜芯聚乙烯绝缘聚乙烯护套裸细铜丝铠装控制电缆
7	KY_{33}	铜芯聚乙烯绝缘细钢丝铠装聚乙烯护套控制电缆
8	KYP_{233}	铜芯聚乙烯绝缘铜带绕包总屏蔽细钢丝铠装聚乙烯护套控制电缆

续表

序号	型号	名　称
9	KYV	铜芯聚乙烯绝缘聚氯乙烯护套控制电缆
10	KYVP	铜芯聚乙烯绝缘铜丝编织总屏蔽聚氯乙烯护套控制电缆
11	$KYVP_1$	铜芯聚乙烯绝缘铜丝缠绕总屏蔽聚氯乙烯护套控制电缆
12	$KYVP_2$	铜芯聚乙烯绝缘铜带绕包总屏蔽聚氯乙烯护套控制电缆
13	KY_{22}	铜芯聚乙烯绝缘钢带铠装聚氯乙烯护套控制电缆
14	KY_{32}	铜芯聚乙烯绝缘细钢丝铠装聚氯乙烯护套控制电缆
15	KYP_{232}	铜芯聚乙烯绝缘铜带绕包总屏蔽细钢丝铠装聚乙烯护套控制电缆
16	KVY	铜芯聚乙烯绝缘聚乙烯护套控制电缆
17	KVYP	铜芯聚乙烯绝缘铜丝编织总屏蔽聚乙烯护套控制电缆
18	$KVYP_1$	铜芯聚乙烯绝缘铜丝缠绕总屏蔽聚乙烯护套控制电缆
19	$KVYP_2$	铜芯聚乙烯绝缘铜带绕包总屏蔽聚乙烯护套控制电缆

（2）橡胶绝缘控制电缆

橡胶绝缘控制电缆型号和名称 **表 6-21**

序号	型号	名　　称
1	KXV	铜芯橡胶绝缘聚氯乙烯护套控制电缆
2	KX_{22}	铜芯橡胶绝缘钢带铠装聚氯乙烯护套控制电缆
3	KX_{23}	铜芯橡胶绝缘钢带铠装聚乙烯护套控制电缆
4	KXF	铜芯橡胶绝缘氯丁橡套控制电缆
5	KXQ	铜芯橡胶绝缘裸铅包控制电缆
6	KXQ_{02}	铜芯橡胶绝缘铅包聚氯乙烯护套控制电缆
7	KXQ_{03}	铜芯橡胶绝缘铅包聚乙烯护套控制电缆
8	KXQ_{20}	铜芯橡胶绝缘铅包裸钢带铠装控制电缆
9	KXQ_{22}	铜芯橡胶绝缘铅包钢带铠装聚氯乙烯护套控制电缆

续表

序号	型号	名称
10	KXQ_{23}	铜芯橡胶绝缘铅包铜带铠装聚乙烯护套控制电缆
11	KXQ_{30}	铜芯橡胶绝缘铅包裸细钢丝铠装控制电缆

（3）聚氯乙烯绝缘聚氯乙烯护套控制电缆

聚氯乙烯绝缘聚氯乙烯护套控制电缆型号和名称　　表 6-22

序号	型号	名称
1	KVV	铜芯聚氯乙烯绝缘聚氯乙烯护套控制电缆
2	KVVP	铜芯聚氯乙烯绝缘聚氯乙烯护套编织屏蔽控制电缆
3	$KVVP_2$	铜芯聚氯乙烯绝缘聚氯乙烯护套铜带屏蔽控制电缆
4	KVV_{22}	铜芯聚氯乙烯绝缘聚氯乙烯护套铜带铠装控制电缆

续表

序号	型号	名　称
5	KVV_{32}	铜芯聚氯乙烯绝缘聚氯乙烯护套细钢丝铠装控制电缆
6	KVVR	铜芯聚氯乙烯绝缘聚氯乙烯护套控制软电缆
7	KVVRP	铜芯聚氯乙烯绝缘聚氯乙烯护套编织控制软电缆

6.2.2.3　电力电缆型号及名称

（1）聚氯乙烯绝缘电力电缆

聚氯乙烯绝缘电力电缆型号和名称　　**表 6-23**

序号	型号		名　称
	铜芯	铝芯	
1	VV	VLV	聚氯乙烯绝缘聚氯乙烯护套电力电缆

续表

序号	型号		名称
	铜芯	铝芯	
2	VY	VLY	聚氯乙烯绝缘聚乙烯护套电力电缆
3	VV_{22}	VLV_{22}	聚氯乙烯绝缘钢带铠装聚氯乙烯护套电力电缆
4	VV_{28}	VLV_{28}	聚氯乙烯绝缘铠装聚乙烯护套电力电缆
5	VV_{32}	VLV_{32}	聚氯乙烯绝缘细钢丝铠装聚氯乙烯护套电力电缆
6	VV_{33}	VLV_{33}	聚氯乙烯绝缘细钢丝铠装聚乙烯护套电力电缆
7	VV_{42}	VLV_{42}	聚氯乙烯绝缘粗钢丝铠装聚氯乙烯护套电力电缆
8	VV_{48}	VLV_{48}	聚氯乙烯绝缘粗钢丝铠装聚乙烯护套电力电缆

（2）橡胶绝缘电力电缆

橡胶绝缘电力电缆型号和名称 **表 6-24**

序号	型号		名称
	铜芯	铝芯	
1	XV	XLV	橡胶绝缘聚氯乙烯护套电力电缆
2	XF	XLF	橡胶绝缘氯丁护套电力电缆
3	XV_{29}	XLV_{29}	橡胶绝缘内钢带铠装聚氯乙烯护套电力电缆
4	XQ	XLQ	橡胶绝缘裸铅包电力电缆
5	XQ_2	XLQ_2	橡胶绝缘铅包钢带铠装电力电缆
6	XQ_{20}	XLQ_{20}	橡胶绝缘铅包裸钢带铠装电力电缆

6.2.3 常用电气设备型号表示方法

常用电气设备型号表示方法 **表 6-25**

设备名称	型号表示方法
变压器	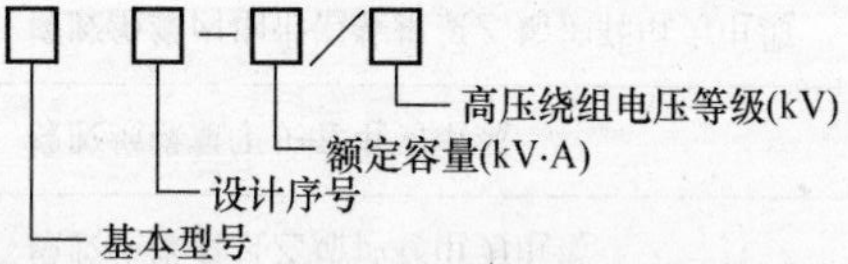 基本型号包括： 相数代号：S——三相；D——单相 绝缘代号：C——线圈外绝缘介质为成型固体 G——线圈外绝缘介质为空气

续表

设备名称	型号表示方法
隔离、负荷开关	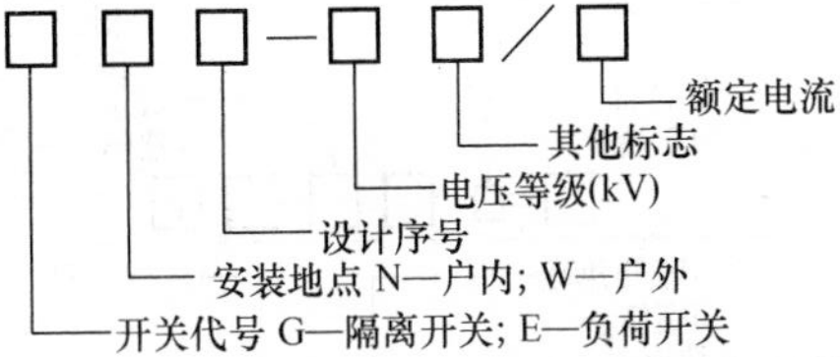
油断路器	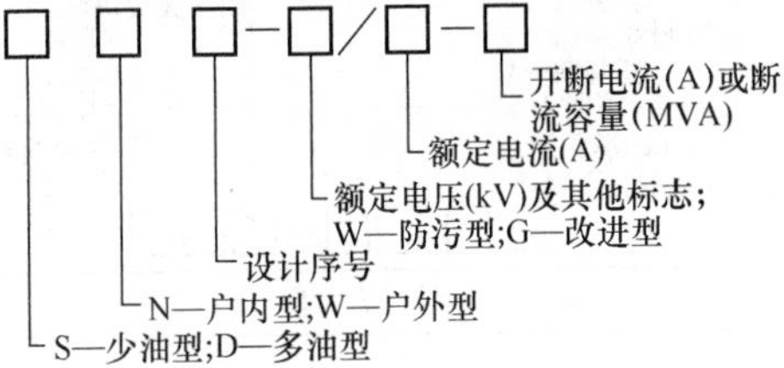

续表

<table>
<tr><th>设备名称</th><th>型号表示方法</th></tr>
<tr><td>高压熔断器</td><td>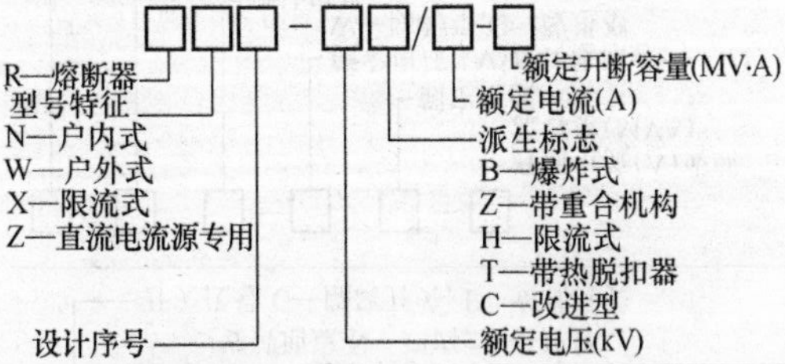
</td></tr>
<tr><td>电压互感器</td><td>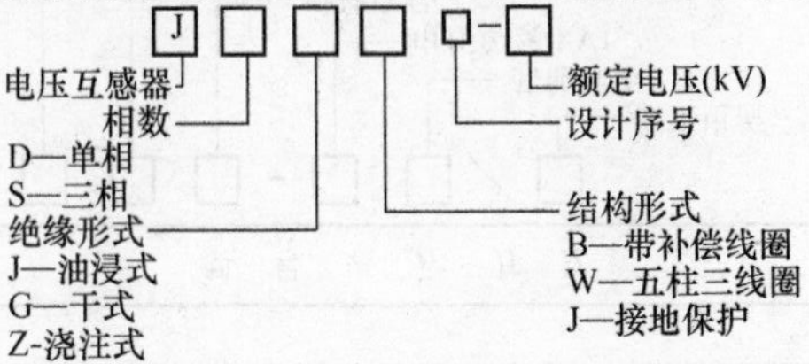
</td></tr>
</table>

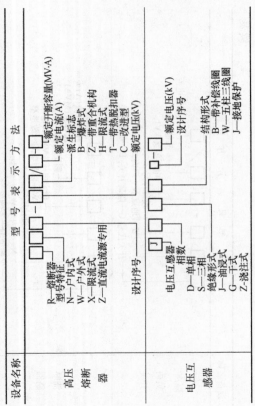

续表

设备名称	型号表示方法
电流互感器	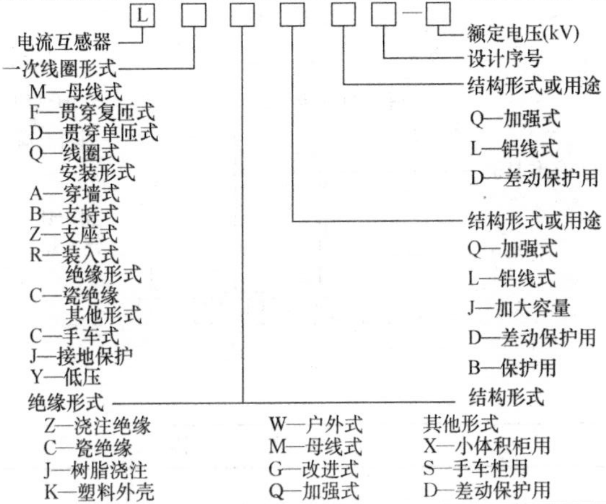

续表

设备名称	型号表示方法
低压 配电箱	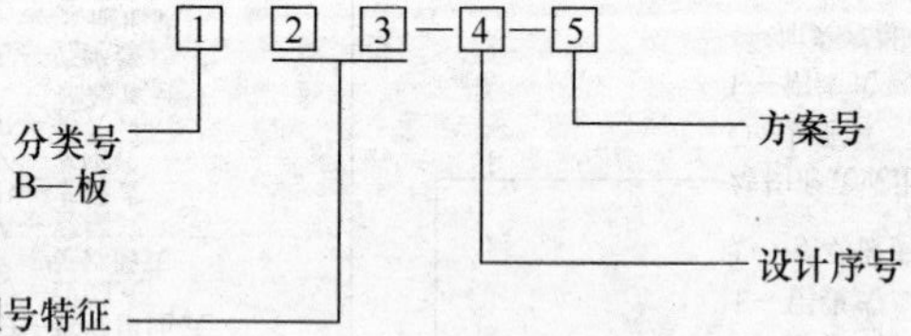 D—单面维护　C—手车或抽屉式 S—双面维护　F—防护式 Z—直流　L—动力

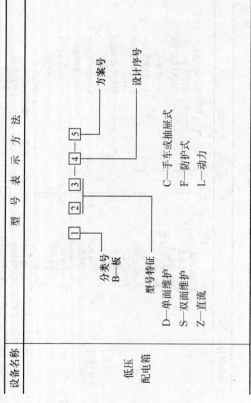

续表

设备名称	型 号 表 示 方 法
动力配电箱	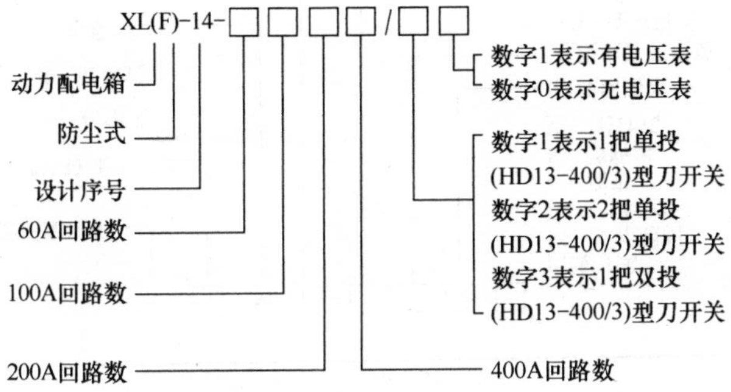

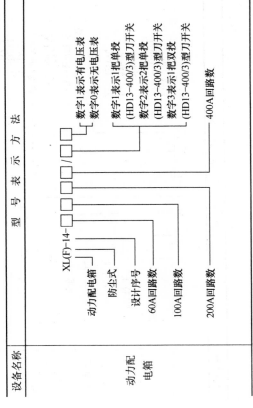

续表

设备名称	型号表示方法
照明配电箱	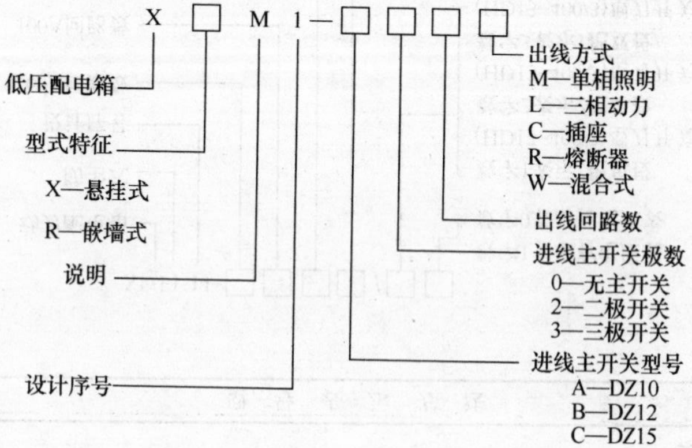

6.2.4 低压电气

低压电气型号表示方法及含义 **表 6-26**

1 2 3 4 5/6 7

- 7——热带产品代号
- 6——辅助规格代号(最好用数字、位数不限)
- 5——派生代号(用拼音字母，最好一位，表示系列内个别变化特征)
- 4——基本规格代号（用数字，位数不限）
- 3——特殊派生代号(用拼音字母，表示全系列在特殊情况下变化的特征，一般不用)
- 2——设计代号(用数字，位数不限，二位以上的首位数字“9”表示船用，“8”表示防爆，“7”表示纺织用)
- 1——类组代号(用拼音字母，最多三位)

类组代号与设计代号的组合，就表示产品的系列，如 CJ10 表示交流接触器第 1.0 个系列。类组代号的汉语拼音字母方案见下表

代号	名称	A	B	C	D	G	H	J	K	L	M	P	Q	R	S	T	U	W	X	Y	Z
H	刀开关和转换开关				刀开关		封闭式负荷开关		开启式负荷开关					熔断器式刀开关	刀形转换开关					其他	组合开关

续表

代号	名称	A	B	C	D	G	H	J	K	L	M	P	Q	R	S	T	U	W	X	Y	Z
R	熔断器			插入式			汇流排式			螺旋式	密闭管式				快速	有填料管式			限流	其他	
D	自动开关									照明	灭磁				快速			框架式	限流	其他	塑料外壳式
K	控制器					鼓形						平面				凸轮				其他	
C	接触器					高压		交流				中频			时间					其他	直流
Q	启动器	按钮式		磁力				减压							手动		油浸		星三角	其他	综合
J	控制继电器									电流				热	时间	通用		温度		其他	中间

续表

代号	名称	A	B	C	D	G	H	J	K	L	M	P	Q	R	S	T	U	W	X	Y	Z
L	主令电器	按钮						接近开关	主令控制器						主令开关	足踏开关	旋转	万能转换开关	行程开关	其他	
Z	电阻器	板形元件	冲片元件		管形元件										烧结元件	铸铁开关			电阻器	其他	
B	变阻器			旋臂式						助磁		频敏	启动			启动调整	油浸启动	液体启动	滑线式	其他	
T	调整器				高压																
M	电磁铁												牵引					起重			制动
A	其他			插销			接线盒														

6.3 建筑电气工程清单计价计算规则

6.3.1 变压器安装

变压器安装（编码：030401） 表 6-27

项目编码	项目名称	项目特征	计量单位	工程量计算规则	工作内容
030401001	油浸电力变压器	1. 名称 2. 型号 3. 容量(kV·A) 4. 电压(kV) 5. 油过滤要求 6. 干燥要求 7. 基础型钢形式、规格 8. 网门、保护门材质、规格 9. 温控箱型号、规格	台	按设计图示数量计算	1. 本体安装 2. 基础型钢制作、安装 3. 油过滤 4. 干燥 5. 接地 6. 网门、保护门制作、安装 7. 补刷(喷)油漆

续表

项目编码	项目名称	项目特征	计量单位	工程量计算规则	工作内容
030401002	干式变压器	1. 名称 2. 型号 3. 容量(kV·A) 4. 电压(kV) 5. 油过滤要求 6. 干燥要求 7. 基础型钢形式、规格 8. 网门、保护门材质、规格 9. 温控箱型号、规格	台	按设计图示数量计算	1. 本体安装 2. 基础型钢制作、安装 3. 温控箱安装 4. 接地 5. 网门、保护门制作、安装 6. 补刷(喷)油漆

续表

项目编码	项目名称	项目特征	计量单位	工程量计算规则	工作内容
030401003	整流变压器	1. 名称 2. 型号 3. 容量(kV·A) 4. 电压(kV) 5. 油过滤要求 6. 干燥要求 7. 基础型钢形式、规格 8. 网门、保护门材质、规格	台	按设计图示数量计算	1. 本体安装 2. 基础型钢制作、安装 3. 油过滤 4. 干燥 5. 网门、保护门制作、安装 6. 补刷(喷)油漆
030401004	自耦变压器				
030401005	有载调压变压器				

续表

项目编码	项目名称	项目特征	计量单位	工程量计算规则	工作内容
030401006	电炉变压器	1. 名称 2. 型号 3. 容量(kV·A) 4. 电压(kV) 5. 基础型钢形式、规格 6. 网门、保护门材质、规格	台	按设计图示数量计算	1. 本体安装 2. 基础型钢制作、安装 3. 网门、保护门制作、安装 4. 补刷(喷)油漆

续表

项目编码	项目名称	项目特征	计量单位	工程量计算规则	工作内容
030401007	消弧线圈	1. 名称 2. 型号 3. 容量(kV·A) 4. 电压(kV) 5. 油过滤要求 6. 干燥要求 7. 基础型钢形式、规格	台	按设计图示数量计算	1. 本体安装 2. 基础型钢制作、安装 3. 油过滤 4. 干燥 5. 补刷(喷)油漆

注：变压器油如需试验、化验、色谱分析应按《通用安装工程工程量计算规范》GB 50856—2013 附录 N 措施项目相关项目编码列项。

6.3.2 配电装置安装

配电装置安装(编码：030402)　　**表 6-28**

项目编码	项目名称	项目特征	计量单位	工程量计算规则	工作内容
030402001	油断路器	1. 名称 2. 型号 3. 容量(A) 4. 电压等级(kV) 5. 安装条件 6. 操作机构名称及型号 7. 基础型钢规格 8. 接线材质、规格 9. 安装部位 10. 油过滤要求	台	按设计图示数量计算	1. 本体安装、调试 2. 基础型钢制作、安装 3. 油过滤 4. 补刷(喷)油漆 5. 接地
030402002	真空断路器				1. 本体安装、调试 2. 基础型钢制作、安装 3. 补刷(喷)油漆 4. 接地
030402003	SF_6 断路器				

续表

项目编码	项目名称	项目特征	计量单位	工程量计算规则	工作内容
030402004	空气断路器	1. 名称 2. 型号 3. 容量(A) 4. 电压等级(kV) 5. 安装条件 6. 操作机构名称及型号 7. 接线材质、规格 8. 安装部位	台	按设计图示数量计算	1. 本体安装、调试 2. 基础型钢制作、安装 3. 补刷(喷)油漆 4. 接地
030402005	真空接触器				1. 本体安装、调试 2. 补刷(喷)油漆 3. 接地
030402006	隔离开关		组		
030402007	负荷开关				

续表

项目编码	项目名称	项目特征	计量单位	工程量计算规则	工作内容
030402008	互感器	1. 名称 2. 型号 3. 规格 4. 类型 5. 油过滤要求	台	按设计图示数量计算	1. 本体安装、调试 2. 干燥 3. 油过滤 4. 接地
030402009	高压熔断器	1. 名称 2. 型号 3. 规格 4. 安装部位	组		1. 本体安装、调试 2. 接地

续表

项目编码	项目名称	项目特征	计量单位	工程量计算规则	工作内容
030402010	避雷器	1. 名称 2. 型号 3. 规格 4. 电压等级 5. 安装部位	组	按设计图示数量计算	1. 本体安装 2. 接地
030402011	干式电抗器	1. 名称 2. 型号 3. 规格 4. 质量 5. 安装部位 6. 干燥要求	组	按设计图示数量计算	1. 本体安装 2. 干燥

续表

项目编码	项目名称	项目特征	计量单位	工程量计算规则	工作内容
030402012	没浸电抗器	1. 名称 2. 型号 3. 规格 4. 容量(kV·A) 5. 油过滤要求 6. 干燥要求	台	按设计图示数量计算	1. 本体安装 2. 油过滤 3. 干燥
030402013	移相及串联电容器	1. 名称 2. 型号 3. 规格 4. 质量 5. 安装部位	个		1. 本体安装 2. 接地
030402014	集合式并联电容器				

续表

项目编码	项目名称	项目特征	计量单位	工程量计算规则	工作内容
030402015	并联补偿电容器组架	1. 名称 2. 型号 3. 规格 4. 结构形式	台	按设计图示数量计算	1. 本体安装 2. 接地
030402016	交流滤波装置组架	1. 名称 2. 型号 3. 规格			
030402017	高压成套配电柜	1. 名称 2. 型号 3. 规格 4. 母线配置方式 5. 种类 6. 基础型钢形式、规格			1. 本体安装 2. 基础型钢制作、安装 3. 补刷(喷)油漆 4. 接地

续表

项目编码	项目名称	项目特征	计量单位	工程量计算规则	工作内容
030402018	组合型成套箱式变电站	1. 名称 2. 型号 3. 容量(kV·A) 4. 电压(kV) 5. 组合形式 6. 基础规格、浇筑材质	台	按设计图示数量计算	1. 本体安装 2. 基础浇筑 3. 进箱母线安装 4. 补刷(喷)油漆 5. 接地

注：1. 空气断路器的储气罐及储气罐至断路器的管路应按《通用安装工程工程量计算规范》GB 50856—2013 附录 H 工业管道工程相关项目编码列项。

2. 干式电抗器项目适用于混凝土电抗器、铁芯干式电抗器、空心干式电抗器等。

3. 设备安装未包括地脚螺栓、浇注(二次灌浆、抹面)，如需安装应按现行国家标准《房屋建筑与装饰工程工程量计算规范》GB 50854 相关项目编码列项。

6.3.3 母线安装

母线安装(编码：030403) **表 6-29**

项目编码	项目名称	项目特征	计量单位	工程量计算规则	工作内容
030403001	软母线	1. 名称 2. 材质 3. 型号 4. 规格 5. 绝缘子类型、规格	m	按设计图示尺寸以单相长度计算(含预留长度)	1. 母线安装 2. 绝缘子耐压试验 3. 跳线安装 4. 绝缘子安装
030403002	组合软母线				

续表

项目编码	项目名称	项目特征	计量单位	工程量计算规则	工作内容
030403003	带形母线	1. 名称 2. 型号 3. 规格 4. 材质 5. 绝缘子类型、规格 6. 穿墙套管材质、规格 7. 穿通板材质、规格 8. 母线桥材质、规格 9. 引下线材质、规格 10. 伸缩节、过渡板材质、规格 11. 分相漆品种	m	按设计图示尺寸以单相长度计算(含预留长度)	1. 母线安装 2. 穿通板制作、安装 3. 支持绝缘子、穿墙套管的耐压试验、安装 4. 引下线安装 5. 伸缩节安装 6. 过渡板安装 7. 刷分相漆

续表

项目编码	项目名称	项目特征	计量单位	工程量计算规则	工作内容
030403004	槽形母线	1. 名称 2. 型号 3. 规格 4. 材质 5. 连接设备名称、规格 6. 分相漆品种	m	按设计图示尺寸以单相长度计算(含预留长度)	1. 母线制作、安装 2. 与发电机、变压器连接 3. 与断路器、隔离开关连接 4. 刷分相漆
030403005	共箱母线	1. 名称 2. 型号 3. 规格 4. 材质	m	按设计图示尺寸以中心线长度计算	1. 母线安装 2. 补刷(喷)油漆

续表

项目编码	项目名称	项目特征	计量单位	工程量计算规则	工作内容
030403006	低压封闭式插接母线槽	1. 名称 2. 型号 3. 规格 4. 容量(A) 5. 线制 6. 安装部位	m	按设计图示尺寸以中心线长度计算	1. 母线安装 2. 补刷(喷)油漆
030403007	始端箱、分线箱	1. 名称 2. 型号 3. 规格 4. 容量(A)	台	按设计图示数量计算	1. 本体安装 2. 补刷(喷)油漆

续表

项目编码	项目名称	项目特征	计量单位	工程量计算规则	工作内容
030403008	重型母线	1. 名称 2. 型号 3. 规格 4. 容量(A) 5. 材质 6. 绝缘子类型、规格 7. 伸缩器及导板规格	t	按设计图示尺寸以质量计算	1. 母线制作、安装 2. 伸缩器及导板制作、安装 3. 支持绝缘子安装 4. 补刷(喷)油漆

注：1. 软母线安装预留长度见表 6-42。

2. 硬母线配置安装预留长度见表 6-43。

6.3.4 控制设备及低压电器安装

控制设备及低压电器安装(编码：030404) **表 6-30**

项目编码	项目名称	项目特征	计量单位	工程量计算规则	工作内容
030404001	控制屏	1. 名称 2. 型号 3. 规格 4. 种类 5. 基础型钢形式、规格 6. 接线端子材质、规格 7. 端子板外部接线材质、规格 8. 小母线材质、规格 9. 屏边规格	台	按设计图示数量计算	1. 本体安装 2. 基础型钢制作、安装 3. 端子板安装 4. 焊、压接线端子 5. 盘柜配线、端子接线 6. 小母线安装 7. 屏边安装 8. 补刷(喷)油漆 9. 接地
030404002	继电、信号屏				
030404003	模拟屏				

续表

项目编码	项目名称	项目特征	计量单位	工程量计算规则	工作内容
030404004	低压开关柜(屏)	1. 名称 2. 型号 3. 规格 4. 种类 5. 基础型钢形式、规格 6. 接线端子材质、规格 7. 端子板外部接线材质、规格 8. 小母线材质、规格 9. 屏边规格	台	按设计图示数量计算	1. 本体安装 2. 基础型钢制作、安装 3. 端子板安装 4. 焊、压接线端子 5. 盘柜配线、端子接线 6. 屏边安装 7. 补刷(喷)油漆 8. 接地

续表

项目编码	项目名称	项目特征	计量单位	工程量计算规则	工作内容
030404005	弱电控制返回屏	1. 名称 2. 型号 3. 规格 4. 种类 5. 基础型钢形式、规格 6. 接线端子材质、规格 7. 端子板外部接线材质、规格 8. 小母线材质、规格 9. 屏边规格	台	按设计图示数量计算	1. 本体安装 2. 基础型钢制作、安装 3. 端子板安装 4. 焊、压接线端子 5. 盘柜配线、端子接线 6. 小母线安装 7. 屏边安装 8. 补刷(喷)油漆 9. 接地

续表

项目编码	项目名称	项目特征	计量单位	工程量计算规则	工作内容
030404006	箱式配电室	1. 名称 2. 型号 3. 规格 4. 质量 5. 基础规格、浇筑材质 6. 基础型钢形式、规格	套	按设计图示数量计算	1. 本体安装 2. 基础型钢制作、安装 3. 基础浇筑 4. 补刷(喷)油漆 5. 接地

续表

项目编码	项目名称	项目特征	计量单位	工程量计算规则	工作内容
030404007	硅整流柜	1. 名称 2. 型号 3. 规格 4. 容量(A) 5. 基础型钢形式、规格	台	按设计图示数量计算	1. 本体安装 2. 基础型钢制作、安装 3. 补刷(喷)油漆 4. 接地
030404008	可控硅柜	1. 名称 2. 型号 3. 规格 4. 容量(kW) 5. 基础型钢形式、规格			

续表

项目编码	项目名称	项目特征	计量单位	工程量计算规则	工作内容
030404009	低压电容器柜	1. 名称 2. 型号 3. 规格 4. 基础型钢形式、规格 5. 接线端子材质、规格 6. 端子板外部接线材质、规格 7. 小母线材质、规格 8. 屏边规格	台	按设计图示数量计算	1. 本体安装 2. 基础型钢制作、安装 3. 端子板安装 4. 焊、压接线端子 5. 盘柜配线、端子接线 6. 小母线安装 7. 屏边安装 8. 补刷(喷)油漆 9. 接地
030404010	自动调节励磁屏				
030404011	励磁灭磁屏				
030404012	蓄电池屏（柜）				
030404013	直流馈电屏				
030404014	事故照明切换屏				

续表

项目编码	项目名称	项目特征	计量单位	工程量计算规则	工作内容
030404015	控制台	1. 名称 2. 型号 3. 规格 4. 基础型钢形式、规格 5. 接线端子材质、规格 6. 端子板外部接线材质、规格 7. 小母线材质、规格	台	按设计图示数量计算	1. 本体安装 2. 基础型钢制作、安装 3. 端子板安装 4. 焊、压接线端子 5. 盘柜配线、端子接线 6. 小母线安装 7. 补刷(喷)油漆 8. 接地

续表

<table>
<tr><th>项目编码</th><th>项目名称</th><th>项目特征</th><th>计量单位</th><th>工程量计算规则</th><th>工作内容</th></tr>
<tr><td>030404016</td><td>控制箱</td><td rowspan="2">1. 名称
2. 型号
3. 规格
4. 基础形式、材质、规格
5. 接线端子材质、规格
6. 端子板外部接线材质、规格
7. 安装方式</td><td rowspan="2">台</td><td rowspan="2">按设计图示数量计算</td><td rowspan="2">1. 本体安装
2. 基础型钢制作、安装
3. 焊、压接线端子
4. 补刷(喷)油漆
5. 接地</td></tr>
<tr><td>030404017</td><td>配电箱</td></tr>
</table>

续表

项目编码	项目名称	项目特征	计量单位	工程量计算规则	工作内容
030404018	插座箱	1. 名称 2. 型号 3. 规格 4. 安装方式	台	按设计图示数量计算	1. 本体安装 2. 接地
030404019	控制开关	1. 名称 2. 型号 3. 规格 4. 接线端子材质、规格 5. 额定电流(A)	个		1. 本体安装 2. 焊、压接线端子 3. 接线

续表

项目编码	项目名称	项目特征	计量单位	工程量计算规则	工作内容
030404020	低压熔断器	1. 名称 2. 型号 3. 规格 4. 接线端子材质、规格	个	按设计图示数量计算	1. 本体安装 2. 焊、压接线端子 3. 接线
030404021	限位开关				
030404022	控制器		台		
030404023	接触器				
030404024	磁力启动器				
030404025	Y-△自耦减压启动器				
030404026	电磁铁(电磁制动器)				
030404027	快速自动开关				
030404028	电阻器		箱		
030404029	油浸频敏变阻器		台		

续表

项目编码	项目名称	项目特征	计量单位	工程量计算规则	工作内容
030404030	分流器	1. 名称 2. 型号 3. 规格 4. 容量(A) 5. 接线端子材质、规格	个	按设计图示数量计算	1. 本体安装 2. 焊、压接线端子 3. 接线
030404031	小电器	1. 名称 2. 型号 3. 规格 4. 接线端子材质、规格	个（套、台）		1. 本体安装 2. 焊、压接线端子 3. 接线

续表

项目编码	项目名称	项目特征	计量单位	工程量计算规则	工作内容
030404032	端子箱	1. 名称 2. 型号 3. 规格 4. 安装部位	台	按设计图示数量计算	1. 本体安装 2. 接线
030404033	风扇	1. 名称 2. 型号 3. 规格 4. 安装方式	台	按设计图示数量计算	1. 本体安装 2. 调速开关安装
030404034	照明开关	1. 名称 2. 材质 3. 规格 4. 安装方式	个	按设计图示数量计算	1. 本体安装 2. 接线
030404035	插座	1. 名称 2. 材质 3. 规格 4. 安装方式	个	按设计图示数量计算	1. 本体安装 2. 接线

续表

项目编码	项目名称	项目特征	计量单位	工程量计算规则	工作内容
030404036	其他电器	1. 名称 2. 规格 3. 安装方式	个（套、台）	按设计图示数量计算	1. 安装 2. 接线

注：1. 控制开关包括：自动空气开关、刀型开关、铁壳开关、胶盖刀闸开关、组合控制开关、万能转换开关、风机盘管三速开关、漏电保护开关等。

2. 小电器包括：按钮、电笛、电铃、水位电气信号装置、测量表计、继电器、电磁锁、屏上辅助设备、辅助电压互感器、小型安全变压器等。

3. 其他电器安装指：本节未列的电器项目。

4. 其他电器必须根据电器实际名称确定项目名称，明确描述工作内容、项目特征、计量单位、计算规则。

5. 盘、箱、柜的外部进出电线预留长度见表 6-44。

6.3.5 蓄电池安装

蓄电池安装(编码：030405) 表6-31

项目编码	项目名称	项目特征	计量单位	工程量计算规则	工作内容
030405001	蓄电池	1. 名称 2. 型号 3. 容量(A·h) 4. 防震支架形式、材质 5. 充放电要求	个(组件)	按设计图示数量计算	1. 本体安装 2. 防震支架安装 3. 充放电
030405002	太阳能电池	1. 名称 2. 型号 3. 规格 4. 容量 5. 安装方式	组		1. 安装 2. 电池方阵铁架安装 3. 联调

6.3.6 电机检查接线及调试

电机检查接线及调试(编码：030406) **表 6-32**

项目编码	项目名称	项目特征	计量单位	工程量计算规则	工作内容
030406001	发电机	1. 名称 2. 型号 3. 容量(kW) 4. 接线端子材质、规格 5. 干燥要求	台	按设计图示数量计算	1. 检查接线 2. 接地 3. 干燥 4. 调试
030406002	调相机				
030406003	普通小型直流电动机				
030406004	可控硅调速直流电动机	1. 名称 2. 型号 3. 容量(kW) 4. 类型 5. 接线端子材质、规格 6. 干燥要求			

续表

项目编码	项目名称	项目特征	计量单位	工程量计算规则	工作内容
030406005	普通交流同步电动机	1. 名称 2. 型号 3. 容量(kW) 4. 启动方式 5. 电压等级(kV) 6. 接线端子材质、规格 7. 干燥要求	台	按设计图示数量计算	1. 检查接线 2. 接地 3. 干燥 4. 调试
030406006	低压交流异步电动机	1. 名称 2. 型号 3. 容量(kW) 4. 控制保护方式 5. 接线端子材质、规格 6. 干燥要求			

续表

项目编码	项目名称	项目特征	计量单位	工程量计算规则	工作内容
030406007	高压交流异步电动机	1. 名称 2. 型号 3. 容量(kW) 4. 保护类别 5. 接线端子材质、规格 6. 干燥要求	台	按设计图示数量计算	1. 检查接线 2. 接地 3. 干燥 4. 调试
030406008	交流变频调速电动机	1. 名称 2. 型号 3. 容量(kW) 4. 类别 5. 接线端子材质、规格 6. 干燥要求			

续表

项目编码	项目名称	项目特征	计量单位	工程量计算规则	工作内容
030406009	微型电机、电加热器	1. 名称 2. 型号 3. 规格 4. 接线端子材质、规格 5. 干燥要求	台		
030406010	电动机组	1. 名称 2. 型号 3. 电动机台数 4. 连锁台数 5. 接线端子材质、规格 6. 干燥要求	组	按设计图示数量计算	1. 检查接线 2. 接地 3. 干燥 4. 调试
030406011	备用励磁机组	1. 名称 2. 型号 3. 接线端子材质、规格 4. 干燥要求			

续表

项目编码	项目名称	项目特征	计量单位	工程量计算规则	工作内容
030406012	励磁电阻器	1. 名称 2. 型号 3. 规格 4. 接线端子材质、规格 5. 干燥要求	台	按设计图示数量计算	1. 本体安装 2. 检查接线 3. 干燥

注：1. 可控硅调速直流电动机类型指一般可控硅调速直流电动机、全数字式控制可控硅调速直流电动机。

2. 交流变频调速电动机类型指交流同步变频电动机、交流异步变频电动机。

3. 电动机按其质量划分为大、中、小型：3t 以下为小型，3t～30t 为中型，30t 以上为大型。

6.3.7 滑触线装置安装

滑触线装置安装(编码：030407) **表 6-33**

项目编码	项目名称	项目特征	计量单位	工程量计算规则	工作内容
030407001	滑触线	1. 名称 2. 型号 3. 规格 4. 材质 5. 支架形式、材质 6. 移动软电缆材质、规格、安装部位 7. 拉紧装置类型 8. 伸缩接头材质、规格	m	按设计图示尺寸以单相长度计算(含预留长度)	1. 滑触线安装 2. 滑触线支架制作、安装 3. 拉紧装置及挂式支持器制作、安装 4. 移动软电缆安装 5. 伸缩接头制作、安装

注：1. 支架基础铁件及螺栓是否浇注需说明。
2. 滑触线安装预留长度见表 6-45。

6.3.8 电缆安装

电缆安装(编码：030408) **表 6-34**

项目编码	项目名称	项目特征	计量单位	工程量计算规则	工作内容
030408001	电力电缆	1. 名称 2. 型号 3. 规格 4. 材质 5. 敷设方式、部位 6. 电压等级(kV) 7. 地形	m	按设计图示尺寸以长度计算(含预留长度及附加长度)	1. 电缆敷设 2. 揭(盖)盖板
030408002	控制电缆				
030408003	电缆保护管	1. 名称 2. 材质 3. 规格 4. 敷设方式		按设计图示尺寸以长度计算	保护管敷设

续表

项目编码	项目名称	项目特征	计量单位	工程量计算规则	工作内容
030408004	电缆槽盒	1. 名称 2. 材质 3. 规格 4. 型号	m	按设计图示尺寸以长度计算	槽盒安装
030408005	铺砂、盖保护板(砖)	1. 种类 2. 规格			1. 铺砂 2. 盖板(砖)
030408006	电力电缆头	1. 名称 2. 型号 3. 规格 4. 材质、类型 5. 安装部位 6. 电压等级(kV)	个	按设计图示数量计算	1. 电力电缆头制作 2. 电力电缆头安装 3. 接地

续表

项目编码	项目名称	项目特征	计量单位	工程量计算规则	工作内容
030408007	控制电缆头	1. 名称 2. 型号 3. 规格 4. 材质、类型 5. 安装方式	个	按设计图示数量计算	1. 电力电缆头制作 2. 电力电缆头安装 3. 接地
030408008	防火堵洞	1. 名称 2. 材质 3. 方式 4. 部位	处	按设计图示数量计算	安装
030408009	防火隔板		m^2	按设计图示尺寸以面积计算	
030408010	防火涂料		kg	按设计图示尺寸以质量计算	

续表

项目编码	项目名称	项目特征	计量单位	工程量计算规则	工作内容
030408011	电缆分支箱	1. 名称 2. 型号 3. 规格 4. 基础形式、材质、规格	台	按设计图示数量计算	1. 本体安装 2. 基础制作、安装

注：1. 电缆穿刺线夹按电缆头编码列项。

2. 电缆井、电缆排管、顶管，应按现行国家标准《市政工程工程量计算规范》GB 50857 相关项目编码列项。

3. 电缆敷设预留长度及附加长度见表 6-46。

6.3.9 防雷及接地装置

防雷及接地装置(编码：030409)　　**表 6-35**

项目编码	项目名称	项目特征	计量单位	工程量计算规则	工作内容
030409001	接地极	1. 名称 2. 材质 3. 规格 4. 土质 5. 基础接地形式	根(块)	按设计图示数量计算	1. 接地极(板、桩)制作、安装 2. 基础接地网安装 3. 补刷(喷)油漆
030409002	接地母线	1. 名称 2. 材质 3. 规格 4. 安装部位 5. 安装形式	m	按设计图示尺寸以长度计算(含附加长度)	1. 接地母线制作、安装 2. 补刷(喷)油漆

续表

项目编码	项目名称	项目特征	计量单位	工程量计算规则	工作内容
030409003	避雷引下线	1. 名称 2. 材质 3. 规格 4. 安装部位 5. 安装形式 6. 断接卡子、箱材质、规格	m	按设计图示尺寸以长度计算(含附加长度)	1. 避雷引下线制作、安装 2. 断接卡子、箱制作、安装 3. 利用主钢筋焊接 4. 补刷(喷)油漆
030409004	均压环	1. 名称 2. 材质 3. 规格 4. 安装形式	m	按设计图示尺寸以长度计算(含附加长度)	1. 均压环敷设 2. 钢铝窗接地 3. 柱主筋与圈梁焊接 4. 利用圈梁钢筋焊接 5. 补刷(喷)油漆

续表

项目编码	项目名称	项目特征	计量单位	工程量计算规则	工作内容
030409005	避雷网	1. 名称 2. 材质 3. 规格 4. 安装形式 5. 混凝土块标号	m	按设计图示尺寸以长度计算(含附加长度)	1. 避雷网制作、安装 2. 跨接 3. 混凝土块制作 4. 补刷(喷)油漆
030409006	避雷针	1. 名称 2. 材质 3. 规格 4. 安装形式、高度	根	按设计图示数量计算	1. 避雷针制作、安装 2. 跨接 3. 补刷(喷)油漆

续表

项目编码	项目名称	项目特征	计量单位	工程量计算规则	工作内容
030409007	半导体少长针消雷装置	1. 型号 2. 高度	套	按设计图示数量计算	本体安装
030409008	等电位端子箱、测试板	1. 名称 2. 材质 3. 规格	台（块）	按设计图示数量计算	本体安装
030409009	绝缘垫	1. 名称 2. 材质 3. 规格	m^2	按设计图示尺寸以展开面积计算	1. 制作 2. 安装
030409010	浪涌保护器	1. 名称 2. 规格 3. 安装形式 4. 防雷等级	个	按设计图示数量计算	1. 本体安装 2. 接线 3. 接地

续表

项目编码	项目名称	项目特征	计量单位	工程量计算规则	工作内容
030409011	降阻剂	1. 名称 2. 类型	kg	按设计图示以质量计算	1. 挖土 2. 施放降阻剂 3. 回填土 4. 运输

注：1. 利用桩基础作接地极，应描述桩台下桩的根数，每桩台下需焊接柱筋根数，其工程量按柱引下线计算；利用基础钢筋作接地极按均压环项目编码列项。

2. 利用柱筋作引下线的，需描述柱筋焊接根数。

3. 利用圈梁筋作均压环的，需描述圈梁筋焊接根数。

4. 使用电缆、电线作接地线，应按本书 6.3.8、6.3.12 相关项目编码列项。

5. 接地母线、引下线、避雷网附加长度见表 6-47。

6.3.10 10kV 以下架空配电线路

10kV 以下架空配电线路（编码：030410） **表 6-36**

项目编码	项目名称	项目特征	计量单位	工程量计算规则	工作内容
030410001	电杆组立	1. 名称 2. 材质 3. 规格 4. 类型 5. 地形 6. 土质 7. 底盘、拉盘、卡盘规格 8. 拉线材质、规格、类型 9. 现浇基础类型，钢筋类型、规格，基础垫层要求 10. 电杆防腐要求	根（基）	按设计图示数量计算	1. 施工定位 2. 电杆组立 3. 土(石)方挖填 4. 底盘、拉盘、卡盘安装 5. 电杆防腐 6. 拉线制作、安装 7. 现浇基础、基础垫层 8. 工地运输

续表

项目编码	项目名称	项目特征	计量单位	工程量计算规则	工作内容
030410002	横担组装	1. 名称 2. 材质 3. 规格 4. 类型 5. 电压等级(kV) 6. 瓷瓶型号、规格 7. 金具品种规格	组	按设计图示数量计算	1. 横担安装 2. 瓷瓶、金具组装
030410003	导线架设	1. 名称 2. 型号 3. 规格 4. 地形 5. 跨越类型	km	按设计图示尺寸以单线长度计算（含预留长度）	1. 导线架设 2. 导线跨越及进户线架设 3. 工地运输

续表

项目编码	项目名称	项目特征	计量单位	工程量计算规则	工 作 内 容
030410004	杆上设备	1. 名称 2. 型号 3. 规格 4. 电压等级(kV) 5. 支撑架种类、规格 6. 接线端子材质、规格 7. 接地要求	台(组)	按设计图示数量计算	1. 支撑架安装 2. 本体安装 3. 焊压接线端子、接线 4. 补刷(喷)油漆 5. 接地

注：1. 杆上设备调试，应按 6.3.14 相关项目编码列项。

2. 架空导线预留长度见表 6-48。

6.3.11 配管、配线

配管、配线(编码：030411)　　**表 6-37**

项目编码	项目名称	项目特征	计量单位	工程量计算规则	工作内容
030411001	配管	1. 名称 2. 材质 3. 规格 4. 配置形式 5. 接地要求 6. 钢索材质、规格	m	按设计图示尺寸以长度计算	1. 电线管路敷设 2. 钢索架设(拉紧装置安装) 3. 预留沟槽 4. 接地
030411002	线槽	1. 名称 2. 材质 3. 规格			1. 本体安装 2. 补刷(喷)油漆

续表

项目编码	项目名称	项目特征	计量单位	工程量计算规则	工作内容
030411003	桥架	1. 名称 2. 型号 3. 规格 4. 材质 5. 类型 6. 接地方式	m	按设计图示尺寸以长度计算	1. 本体安装 2. 接地
030411004	配线	1. 名称 2. 配线形式 3. 型号 4. 规格 5. 材质 6. 配线部位 7. 配线线制 8. 钢索材质、规格		按设计图示尺寸以单线长度计算（含预留长度）	1. 配线 2. 钢索架设(拉紧装置安装) 3. 支持体(夹板、绝缘子、槽板等)安装

续表

项目编码	项目名称	项目特征	计量单位	工程量计算规则	工作内容
030411005	接线箱	1. 名称 2. 材质 3. 规格 4. 安装形式	个	按设计图示数量计算	本体安装
030411006	接线盒				

注：1. 配管、线槽安装不扣除管路中间的接线箱(盒)、灯头盒、开关盒所占长度。
2. 配管名称指电线管、钢管、防爆管、塑料管、软管、波纹管等。
3. 配管配置形式指明配、暗配、吊顶内、钢结构支架、钢索配管、埋地敷设、水下敷设、砌筑沟内敷设等。
4. 配线名称指管内穿线、瓷夹板配线、塑料夹板配线、绝缘子配线、槽板配线、塑料护套配线、线槽配线、车间带形母线等。
5. 配线形式指照明线路，动力线路，木结构，顶棚内，砖、混凝土结构，沿支架、钢索、屋架、梁、柱、墙，以及跨屋架、梁、柱。
6. 配线保护管遇到下列情况之一时，应增设管路接线盒和拉线盒：(1)管长度每超过 30m，无弯曲；(2)管长度每超过 20m，有 1 个弯曲；(3)管长度每超过 15m，有 2 个弯曲；(4)管长度每超过 8m，有 3 个弯曲。垂直敷设的电线保护管遇到下列情况之一时，应增设固定导线用的拉线盒：(1)管内导线截面为 $50mm^2$ 及以下，长度每超过 30m；(2)管内导线截面为 $70mm^2 \sim 95mm^2$，长度每超过 20m；(3)管内导线截面为 $120mm^2 \sim 240mm^2$，长度每超过 18m。在配管清单项目计量时，设计无要求时上述规定可以作为计量接线盒、拉线盒的依据。
7. 配管安装中不包括凿槽、刨沟，应按 6.3.13 相关项目编码列项。
8. 配线进入箱、柜、板的预留长度见表 6-49。

6.3.12 照明器具安装

照明器具安装（编码：030412）　　表 6-38

项目编码	项目名称	项目特征	计量单位	工程量计算规则	工作内容
030412001	普通灯具	1. 名称 2. 型号 3. 规格 4. 类型	套	按设计图示数量计算	本体安装
030412002	工厂灯	1. 名称 2. 型号 3. 规格 4. 安装形式			

续表

项目编码	项目名称	项目特征	计量单位	工程量计算规则	工作内容
030412003	高度标志（障碍）灯	1. 名称 2. 型号 3. 规格 4. 安装部位 5. 安装高度	套	按设计图示数量计算	本体安装
030412004	装饰灯	1. 名称 2. 型号 3. 规格 4. 安装形式			
030412005	荧光灯				
030412006	医疗专用灯	1. 名称 2. 型号 3. 规格			

续表

项目编码	项目名称	项目特征	计量单位	工程量计算规则	工作内容
030412007	一般路灯	1. 名称 2. 型号 3. 规格 4. 灯杆材质、规格 5. 灯架形式及臂长 6. 附件配置要求 7. 灯杆形式(单、双) 8. 基础形式、砂浆配合比 9. 杆座材质、规格 10. 接线端子材质、规格 11. 编号 12. 接地要求	套	按设计图示数量计算	1. 基础制作、安装 2. 立灯杆 3. 杆座安装 4. 灯架及灯具附件安装 5. 焊、压接线端子 6. 补刷(喷)油漆 7. 灯杆编号 8. 接地

续表

项目编码	项目名称	项目特征	计量单位	工程量计算规则	工作内容
030412008	中杆灯	1. 名称 2. 灯杆的材质及同度 3. 灯架的型号、规格 4. 附件配置 5. 光源数量 6. 基础形式、浇筑材质 7. 杆座材质、规格 8. 接线端子材质、规格 9. 铁构件规格 10. 编号 11. 灌浆配合比 12. 接地要求	套	按设计图示数量计算	1. 基础浇筑 2. 立灯杆 3. 杆座安装 4. 灯架及灯具附件安装 5. 焊、压接线端子 6. 铁构件安装 7. 补刷(喷)油漆 8. 灯杆编号 9. 接地

续表

项目编码	项目名称	项目特征	计量单位	工程量计算规则	工作内容
030412009	高杆灯	1. 名称 2. 灯杆高度 3. 灯架形式（成套或组装、固定或升降） 4. 附件配置 5. 光源数量 6. 基础形式、浇筑材质 7. 杆座材质、规格 8. 接线端子材质、规格 9. 铁构件规格 10. 编号 11. 灌浆配合比 12. 接地要求	套	按设计图示数量计算	1. 基础浇筑 2. 立灯杆 3. 杆座安装 4. 灯架及灯具附件安装 5. 焊、压接线端子 6. 铁构件安装 7. 补刷（喷）油漆 8. 灯杆编号 9. 升降机构接线调试 10. 接地

续表

项目编码	项目名称	项目特征	计量单位	工程量计算规则	工作内容
030412010	桥栏杆灯	1. 名称 2. 型号 3. 规格 4. 安装形式	套	按设计图示数量计算	1. 灯具安装 2. 补刷(喷)油漆
030412011	地道涵洞灯				

注：1. 普通灯具包括圆球吸顶灯、半圆球吸顶灯、方形吸顶灯、软线吊灯、座灯头、吊链灯、防水吊灯、壁灯等。

2. 工厂灯包括工厂罩灯、防水灯、防尘灯、碘钨灯、投光灯、泛光灯、混光灯、密闭灯等。

3. 高度标志(障碍)灯包括烟囱标志灯、高塔标志灯、高层建筑屋顶障碍指示灯等。

4. 装饰灯包括吊式艺术装饰灯、吸顶式艺术装饰灯、荧光艺术装饰灯、几何型组合艺术装饰灯、标志灯、诱导装饰灯、水下(上)艺术装饰灯、点光源艺术灯、歌舞厅灯具、草坪灯具等。

5. 医疗专用灯包括病房指示灯、病房暗脚灯、紫外线杀菌灯、无影灯等。

6. 中杆灯是指安装在高度小于或等于 19m 的灯杆上的照明器具。

7. 高杆灯是指安装在高度大于 19m 的灯杆上的照明器具。

6.3.13 附属工程

附属工程（编码：030413） 表 6-39

项目编码	项目名称	项目特征	计量单位	工程量计算规则	工作内容
030413001	铁构件	1. 名称 2. 材质 3. 规格	kg	按设计图示尺寸以质量计算	1. 制作 2. 安装 3. 补刷（喷）油漆
030413002	凿（压）槽	1. 名称 2. 规格 3. 类型 4. 填充（恢复）方式 5. 混凝土标准	m	按设计图示尺寸以长度计算	1. 开槽 2. 恢复处理

续表

项目编码	项目名称	项目特征	计量单位	工程量计算规则	工作内容
030413003	打洞(孔)	1. 名称 2. 规格 3. 类型 4. 填充(恢复)方式 5. 混凝土标准	个	按设计图示数量计算	1. 开孔、洞 2. 恢复处理
030413004	管道包封	1. 名称 2. 规格 3. 混凝土强度等级	m	按设计图示长度计算	1. 灌注 2. 养护

续表

项目编码	项目名称	项目特征	计量单位	工程量计算规则	工作内容
030413005	人(手)孔砌筑	1. 名称 2. 规格 3. 类型	个	按设计图示数量计算	砌筑
030413006	人(手)孔防水	1. 名称 2. 类型 3. 规格 4. 防水材质及做法	m^2	按设计图示防水面积计算	防水

注：铁构件适用于电气工程的各种支架、铁构件的制作安装。

6.3.14 电气调整试验

表 6-40

电气调整试验(编码：030414)

项目编码	项目名称	项目特征	计量单位	工程量计算规则	工作内容
030414001	电力变压器系统	1. 名称 2. 型号 3. 容量(kV·A)	系统	按设计图示系统计算	系统调试
030414002	送配电装置系统	1. 名称 2. 型号 3. 电压等级(kV) 4. 类型	系统	按设计图示系统计算	系统调试
030414003	特殊保护装置	1. 名称 2. 类型	台(套)	按设计图示数量计算	调试
030414004	自动投入装置	1. 名称 2. 类型	系统(台、套)	按设计图示数量计算	调试

续表

项目编码	项目名称	项目特征	计量单位	工程量计算规则	工作内容
030414005	中央信号装置	1. 名称 2. 类型	系统（台）	按设计图示数量计算	调试
030414006	事故照明切换装置		系统	按设计图示系统计算	
030414007	不间断电源	1. 名称 2. 类型 3. 容量			
030414008	母线	1. 名称 2. 电压等级(kV)	系	按设计图示数量计算	
030414009	避雷器		组		
030414010	电容器				

续表

项目编码	项目名称	项目特征	计量单位	工程量计算规则	工作内容
030414011	接地装置	1. 名称 2. 类别	1. 系统 2. 组	1. 以系统计量，按设计图示系统计算 2. 以组计量，按设计图示数量计算	接地电阻测试
030414012	电抗器、消弧线圈		台	按设计图示数量计算	调试
030414013	电除尘器	1. 名称 2. 型号 3. 规格	组		

续表

项目编码	项目名称	项目特征	计量单位	工程量计算规则	工作内容
030414014	硅整流设备、可控硅整流装置	1. 名称 2. 类别 3. 电压(V) 4. 电流(A)	系统	按设计图示系统计算	调试
030414015	电缆试验	1. 名称 2. 电压等级(kV)	次(根、点)	按设计图示数量计算	试验

注：1. 功率大于10kW电动机及发电机的启动调试用的蒸汽、电力和其他动力能源消耗及变压器空载试运转的电力消耗及设备需烘干处理应说明。

2. 配合机械设备及其他工艺的单体试车，应按《通用安装工程工程量计算规范》GB 50856—2013附录N措施项目相关项目编码列项。

3. 计算机系统调试应按《通用安装工程工程量计算规范》GB 50856—2013附录F自动化控制仪表安装工程相关项目编码列项。

6.3.15 其他相关问题说明

其他相关问题说明 **表 6-41**

序号	说　明
1	电气设备安装工程适用于10kV以下变配电设备及线路的安装工程、车间动力电气设备及电气照明、防雷及接地装置安装、配管配线、电气调试
2	挖土、填土工程，应按现行国家标准《房屋建筑与装饰工程工程量计算规范》GB 50854相关项目编码列项
3	开挖路面，应按现行国家标准《市政工程工程量计算规范》GB 50857相关项目编码列项
4	过梁、墙、楼板的钢(塑料)套管，应按第2章第4节采暖、给水排水、燃气工程相关项目编码列项
5	除锈、刷漆(不刷漆除外)、保护层安装，应按照《通用安装工程工程量计算规范》GB 50856—2013的附录M刷油、防腐蚀、绝热工程相关项目编码列项
6	由国家或地方检测验收部门进行的检测验收应按《通用安装工程工程量计算规范》GB 50856—2013的附录N措施项目编码列项

软母线安装预留长度(m/根)　　表 6-42

项　目	耐　张	跳　线	引下线、设备连接线
预留长度	2.5	0.8	0.6

硬母线配置安装预留长度(m/根)　　表 6-43

序号	项　目	预留长度	说　明
1	带形、槽形母线终端	0.3	从最后一个支持点算起
2	带形、槽形母线与分支线连接	0.5	分支线预留
3	带形母线与设备连接	0.5	从设备端子接口算起
4	多片重型母线与设备连接	1.0	从设备端子接口算起
5	槽形母线与设备连接	0.5	从设备端子接口算起

盘、箱、柜的外部进出线预留长度(m/根)　　表 6-44

序号	项　目	预留长度	说　明
1	各种箱、柜、盘、板、盒	高+宽	盘面尺寸
2	单独安装的铁壳开关、自动开关、刀开关、启动器、箱式电阻器、变阻器	0.5	从安装对象中心算起
3	继电器、控制开关、信号灯、按钮、熔断器等小电器	0.3	从安装对象中心算起
4	分支接头	0.2	分支线预留

滑触线安装预留长度(m/根)　　表 6-45

序号	项　目	预留长度	说　明
1	圆钢、铜母线与设备连接	0.2	从设备接线端子接口算起
2	圆钢、铜滑触线终端	0.5	从最后一个固定点算起

续表

序号	项　目	预留长度	说　明
3	角钢滑触线终端	1.0	从最后一个支持点算起
4	扁钢滑触线终端	1.3	从最后一个固定点算起
5	扁钢母线分支	0.5	分支线预留
6	扁钢母线与设备连接	0.5	从设备接线端子接口算起
7	轻轨滑触线终端	0.8	从最后一个支持点算起
8	安全节能及其他滑触线终端	0.5	从最后一个固定点算起

电缆敷设预留及附加长度　　**表 6-46**

序号	项　目	预留(附加)长度	说　明
1	电缆敷设弛度、波形弯度、交叉	2.5%	按电缆全长计算
2	电缆进入建筑物	2.0m	规范规定最小值

续表

序号	项　　目	预留(附加)长度	说　　明
3	电缆进入沟内或吊架时引上(下)预留	1.5m	规范规定最小值
4	变电所进线、出线	1.5m	规范规定最小值
5	电力电缆终端头	1.5m	检修余量最小值
6	电缆中间接头盒	两端各留2.0m	检修余量最小值
7	电缆进控制、保护屏及模拟盘、配电箱等	高+宽	按盘面尺寸
8	高压开关柜及低压配电盘、箱	2.0m	盘下进出线
9	电缆至电动机	0.5m	从电动机接线盒算起
10	厂用变压器	3.0m	从地坪算起
11	电缆绕过梁柱等增加长度	按实计算	按被绕物的断面情况计算增加长度
12	电梯电缆与电缆架固定点	每处0.5m	规范规定最小值

接地母线、引下线、避雷网附加长度(m/根)　　表 6-47

项目	附加长度	说明
接地母线、引下线、避雷网附加长度	3.9%	按接地母线、引下线、避雷网全长计算

架空导线预留长度(m/根)　　表 6-48

项目		预留长度
高压	转角	2.5
	分支、终端	2.0
低压	分支、终端	0.5
	交叉跳线转角	1.5
与设备连线		0.5
进户线		2.5

配线进入箱、柜、板的预留长度(m/根) 表 6-49

序号	项　　目	预留长度(m)	说　　明
1	各种开关箱、柜、板	高+宽	盘面尺寸
2	单独安装(无箱、盘)的铁壳开关、闸刀开关、启动器、线槽进出线盒等	0.3	从安装对象中心算起
3	由地面管子出口引至动力接线箱	1.0	从管口计算
4	电源与管内导线连接(管内穿线与软、硬母线接点)	1.5	从管口计算
5	出户线	1.5	从管口计算

6.4 主要材料损耗率表

建筑电气设备安装工程全统定额主要材料损耗率表　　表 6-50

序号	材　料　名　称	损耗率(%)
1	裸软导线(包括铜、铝、钢线、钢芯铝线)	1.3
2	绝缘导线(包括橡皮铜、塑料铅皮、软花)	1.8
3	电力电缆	1.0
4	控制电缆	1.5
5	硬母线(包括钢、铝、铜、带形、管形、棒形、槽形)	2.3
6	拉线材料(包括钢绞线、镀锌钢丝)	1.5
7	管材、管件(包括无缝、焊接钢管及电线管)	3.0

续表

序号	材　料　名　称	损耗率(%)
8	板材(包括钢板、镀锌薄钢板)	5.0
9	型钢	5.0
10	管体(包括管箍、护口、锁紧螺母、管卡等)	3.0
11	金具(包括耐张、悬垂、并沟、吊接等线夹及连板)	1.0
12	紧固件(包括螺栓、螺母、垫圈、弹簧垫圈)	2.0
13	木螺栓、圆钉	4.0
14	绝缘子类	2.0
15	照明灯具及辅助器具(成套灯具、镇流器、电容器)	1.0
16	荧光灯、高压水银、氙气灯等	1.5

续表

序号	材料名称	损耗率(%)
17	白炽灯泡	3.0
18	玻璃灯罩	5.0
19	胶木开关、灯头、插销等	3.0
20	低压电瓷制品(包括鼓绝缘子、瓷夹板、瓷管)	3.0
21	低压保险器、瓷闸盒、胶盖闸	1.0
22	塑料制品(包括塑料槽板、塑料板、塑料管)	5.0
23	木槽板、木护圈、方圆木台	5.0
24	木杆材料(包括木杆、横担、桩木等)	1.0
25	混凝土制品(包括电杆、底盘、卡盘等)	0.5
26	石棉水泥板及制品	8.0

续表

序号	材料名称	损耗率(%)
27	油类	1.8
28	砖	4.0
29	砂	8.0
30	石	8.0
31	水泥	4.0
32	铁壳开关	1.0
33	砂浆	3.0
34	木材	5.0
35	橡皮垫	3.0
36	硫酸	4.0
37	蒸馏水	10.0

参考文献

[1] 建设工程工程量清单计价规范 GB 50500—2008 [S]. 北京：中国计划出版社，2008.
[2] 建筑给水排水制图标准 GB/T 50106—2010 [S]. 北京：中国建筑工业出版社，2010.
[3] 暖通空调制图标准 GB/T 50114—2010 [S]. 北京：中国建筑工业出版社，2011.
[4] 中国建筑标准设计研究院. 建筑电气工程设计常用图形和文字符号 09DX001 [S]. 北京：中国计划出版社，2010.
[5] 丁云飞. 安装工程预算与工程量清单计价 [M]. 北京.：化学工业出版社，2005.
[6] 周国藩. 给水排水、暖通、空调、燃气及防腐绝热工程概预算编制典型实例手册 [M]. 北京：机械工业出版社，2002.
[7] 编委会. 工程量清单计价编制与典型实例应用图解安装工程（上、下册）[M]. 北京：中国建材工业出版社，2005.
[8] 编委会. 电气工程造价员一本通 [M]. 哈尔滨：哈尔滨工程大学出版社，2008.

[9] 编委会. 给水排水、采暖、燃气工程造价员一本通 [M]. 哈尔滨：哈尔滨工程大学出版社，2008.
[10] 编委会. 图解工程量清单计价与实例详解系列丛书安装工程 [M]. 天津：天津大学出版社，2009.
[11] 符康利. 建筑及安装工程施工图预算速算手册 [M]. 长春：吉林科学技术出版社，1995
[12] 刘庆山. 建筑安装工程预算（第二版）[M]. 北京：机械工业出版社，2004.
[13] 吉林省建设厅. 全国统一安装工程预算定额. 第二册. 电气设备安装工程 GYD-202—2000 [S]. 北京：中国计划出版社，2001.
[14] 吉林省建设厅. 全国统一安装工程预算定额. 第七册. 消防及安全防范设备安装工程 GYD-207—2000 [S]. 北京：中国计划出版社，2001.
[15] 吉林省建设厅. 全国统一安装工程预算定额. 第八册. 给水排水、采暖、燃气工程 GYD-208—2000 [S]. 北京：中国计划出版社，2001.
[16] 吉林省建设厅. 全国统一安装工程预算定

额. 第九册. 通风空调工程 GYD-209—2000 [S]. 北京：中国计划出版社，2001.
[17] 栋梁工作室. 消防及安全防范设备安装工程概预算编制手册 [M]. 北京：中国建筑工业出版社，2004.
[18] 栋梁工作室. 给水排水采暖燃气工程概预算编制手册 [M]. 北京：中国建筑工业出版社，2004.
[19] 栋梁工作室. 通风空调工程概预算编制手册 [M]. 北京：中国建筑工业出版社，2004.
[20] 梁敦维. 预算数据手册 [M]. 太原：山西科学技术出版社，2004.
[21] 编委会. 建筑施工企业关键岗位技能图解系列丛书 预算员 [M]. 哈尔滨：哈尔滨工程大学出版社，2008.